中国科学院大学研究生教材系列

模糊系统理论及应用

郭大蕾 编著

U0227946

科学出版社

北 京

内 容 简 介

全书共 9 章, 前 5 章是模糊系统理论的基本内容, 分别是模糊系统概述、模糊数学基础、模糊逻辑与模糊推理、模糊控制系统、模糊分类与聚类; 后 4 章是模糊系统的应用, 分别是 T-S 函数型模糊模型及模糊系统分析、模糊系统辨识与估计、模糊系统的设计与应用、模糊系统理论与应用展望. 本书内容丰富, 强调分析、计算和实验的结合, 吸取了国内外近期研究成果, 融入了作者的教学和研究心得, 反映了本学科的进展.

本书是为人工智能专业研究生编写的教材, 也可作为自动控制、机器人、计算机应用、信息科学、管理等专业高年级本科生和研究生的选修教材.

图书在版编目 (CIP) 数据

模糊系统理论及应用/郭大蕾编著. —北京: 科学出版社, 2021.12
中国科学院大学研究生教材系列
ISBN 978-7-03-070954-7

Ⅰ. ①模⋯ Ⅱ. ①郭⋯ Ⅲ. ①模糊系统-研究生-教材 Ⅳ. ①N94

中国版本图书馆 CIP 数据核字 (2021) 第 260365 号

责任编辑: 刘信力 李 萍/责任校对: 杨聪敏
责任印制: 吴兆东/封面设计: 陈 敬

科 学 出 版 社 出版
北京东黄城根北街 16 号
邮政编码: 100717
http://www.sciencep.com
北京中科印刷有限公司 印刷
科学出版社发行 各地新华书店经销
*
2021 年 12 月第 一 版 开本: 720×1000 B5
2021 年 12 月第一次印刷 印张: 13 3/4
字数: 273 000
定价: 98.00 元
(如有印装质量问题, 我社负责调换)

前　言

模糊概念将人类语言和推理与计算机技术及应用联系起来. 经过半个多世纪的发展, 模糊理论与方法逐渐发展成为人工智能系统的重要内容, 在计算机控制、模式分类、复杂工程系统等领域获得了广泛应用.

在为中国科学院大学研究生讲授模糊系统课程的过程中, 作者发现要选择与课堂讲授配套的教科书并不容易. 大部分教科书只注重模糊控制或智能控制的各类工程应用, 对于控制理论、控制系统或智能系统的关注较少, 可供学习方向是计算智能或智能系统的学生们的教材就更少了. 问题在于: 模糊理论与系统领域最近 20 多年所取得的巨大进展尚未包含到控制理论与工程专业的教材中, 如何学习和应用并发展模糊系统是一个被割裂的问题. 这就导致教师需要根据现有教材调整授课内容, 或者大部分内容完全脱离教材. 前一种做法容易不适当地强调这门学科的工程应用方面, 特别是基于计算机应用的软件平台, 很有可能使学生轻视模糊理论中更为重要的物理方面. 后一种做法则会使得大多数学习者从讨论现有教材中所给出的内容开始, 逐步建立起对于这门课的认识. 因此, 作者希望撰写这样一本教科书, 能为攻读控制理论与工程、计算智能、智能系统的学生所用, 并把以往在理论和实验工作中获得的理解包含进来.

学习本书内容前不要求事先掌握这门课的数学基础, 其中材料的选取旨在给读者介绍重要的概念和应用. 本书是由一些讲义教程发展而成的, 仅有很少的材料未经过试讲. 有些材料是旧的、众所周知的, 有些则是相当新的, 本书对所有材料进行整合并发掘其内部关联, 以供阅读学习和使用.

本书特别考虑了自动化系高年级学生的需求, 对工科学生也是有用的, 从模糊数学基础开篇, 完全地论述了从模糊集合、模糊逻辑、模糊推理到模糊控制、模糊分类、模糊辨识、模糊系统及稳定性分析等关于模糊系统的系统性理论及其应用, 既讲明了模糊控制系统 "做什么", 同时阐述了模糊系统理论中的 "为什么" 和 "是什么", 旨在使读者 "知其然", 亦 "知其所以然", 为更好地钻研人工智能科学与技术开拓创造性思维.

本书得到中国科学院大学教材出版中心资助. 本书部分内容还得到国家自然科学基金 (编号：50505049、70871112 和 11272333) 和中国博士后科学基金 (编号：2003033255) 的资助, 在此表示感谢.

中国科学院自动化研究所沈甜雨博士参与了本书初稿撰写过程中的一些数学问题的研讨, 李浩然博士协助编写了部分例题, 硕士研究生张振协助编写了部分习题并与硕士研究生刘明扬承担了部分书稿的校对, 在此一并致以诚挚的谢意.

中国科学院自动化研究所易建强研究员审阅书稿并提出了宝贵意见, 作者在此表示由衷感谢. 同样也感谢在书稿完成过程中提供帮助的中国科学院自动化研究所、中国科学院大学的老师们, 尤其是刘成林研究员. 感谢课程教学中选课同学们的热烈讨论和认真作业对作者的启发. 感谢科学出版社为保证本书出版质量付出的努力.

本书可供自动化、控制理论与工程、计算智能、人工智能、机器人、计算机控制等专业的大学高年级学生和研究生作为教材或参考用书使用.

由于作者水平有限, 书中可能还存在一些不妥之处, 请读者批评指正.

作 者

2021 年 3 月

目　　录

第 1 章 模糊系统概述

人类对自然现象的认识经历了朦胧—清晰—模糊的过程，从尚不确切到逐步清晰地描述与刻画自身所处的世界，发现许多基本定理与规律，构成了对自然、环境和人类社会的清晰认知，例如，天体运动由力学方程表达，生命与遗传过程由DNA(脱氧核糖核酸) 揭示，核聚变由核反应方程式描述. 这类对外界与环境的探索远远超过了人们对自身及思维的认识进程. 当前，尚无对脑思维过程的确切表达，大脑究竟是如何实现分析、判断、综合、比较、概括和推理功能等若干难点的，正在许多领域中被探索和追问，这一现状催生出各种各样的模拟方法和近似手段，以描述并复现脑思维过程的单一功能或复合功能. 模糊系统就是在这一过程中迅速发展起来的，是模拟大脑分析、判断与推理过程的一种智能方法. 本章首先给出模糊系统的概念和特征，然后在对比传统控制系统设计的基础上，重点讨论模糊控制系统设计及其特点，最后简要介绍模糊系统发展历程.

1.1 概　　述

1.1.1 模糊经验知识

在日常生活中，人们用来表述一件事的语言，有时尽管不太精确，但是仍然准确地表达了说话人的意思，例如，"周末去踢场球""空调温度太低了""需加大油门"，这里，"周末" 可能是周五下午，或周六周日全天的任意时段，所指范围较宽；"太低" 可能是 16℃，也可能是 22℃，对于炎热夏季的室内空调温度，均属低值范围；油门加 "大" 则可能是车辆启动时需从零逐渐加大，也可能是通过涉水路面时避免熄火需用的超 "大" 油门. 这类如 "周末""太低""大" 等词语，均为词义较为模糊的一种语言表述，即未曾清晰地指定具体的日期时间、温度数值或油门开度，但是，由于特定语境及约定俗成等条件，均达到了准确表述的目的.

当前，许多领域正在进入以计算机技术为代表的信息时代，计算机处理以数字化为主要特征，明确的数据信息既是计算机处理加工的对象，也是其制造生成的产物和结果. 与此同时，智能信息技术的发展提出了对人类思维与认知过程的探索，将暂不具有确切数字化信息的判断、推理、认知等思维过程，以计算机技术能够处理的方式表示出来，模糊隶属度正是具有如此功用的方法.

假若将夏季室内空调设定温度 26℃ 作为节能减排的建议温度，那么，22—24℃ 应是一个较低的温度，16—24℃ 则为一个低得多的温度，如何准确描述这类混合了气温、体感与空调机器等因素的状况, 模糊隶属度方法采用 16—26℃ 范围内, 各温度数值属于 "温度低" 集合的隶属程度, 给出了解答. 显见的是, 16℃ 属于 "温度低" 集合的隶属度值应为 1, 21℃ 属于 "温度低" 集合的隶属度值应为 0.5, 而 26℃ 属于该集合的隶属度应为 0, 同时, 处在 16—24℃ 范围内的温度亦有可能以某一隶属度值隶属于其他模糊子集, 如 "温度略低""温度较低" 等等, 这种划分方法将原本不确切、模糊且宽泛的语言, 以闭区间 [0, 1] 上的确切数字清晰地刻画出来, 准确描述了外部环境与人的感受之间的差异, 为空调行业制定标准和指导使用提供了客观依据. 同时, 以模糊隶属度值清晰表示语言、经验知识或规则的模式, 为以数字处理为基础的现代智能技术提供了可能方式.

以隶属度为数量化工具的模糊概念及其处理方式, 在经典集合论和逻辑学研究范式的影响下, 逐步形成了论述模糊集合、模糊逻辑与模糊推理的模糊数学, 且在模糊概念与方法的应用过程中, 模糊系统得以建立并逐步发展起来. 换句话说, 模糊是以隶属度为特征的描述事物的一种方法, 模糊系统是包含这种概念方法及相关技术的系统整体. 模糊系统研究方法及其进展将在后续章节详细讨论, 这里只给出模糊概念与模糊系统的基本特点:

(1) 与或 "是" 或 "非" 的清晰概念相对应, 模糊隶属度表达的是**程度**或**资格**.

模糊概念引入模糊集合, 与普通集合只有 "0-不属于" 或 "1-属于" 两种严格区分的属性区别开来, 采用隶属度方式准确地表达了属于某一特征集合的资格程度, 因而对现实世界的表达更趋于**合理**.

(2) 模糊系统的 "模糊" 是指受控系统的**不确定性**.

由于所关注对象的特性未知, 为了在一定的**范围**内对其输入、输出和状态等进行描述, 采用了模糊这一概念, 表达其 **"亦此亦彼"** 的属性, 因此, 这里的模糊是指基于 "研究对象是模糊的" 这一事实.

(3) 研究方法是**清晰的**.

隶属度函数或隶属度值本身是清晰的、明确的, 因而模糊系统的研究方法是确定、清晰的.

(4) 模糊系统是智能系统.

模糊系统根据**模糊推理**获得控制策略, 包含了系统的先验知识, 因而具有思维和推理的特点, 也就使模糊控制具有了**智能控制**的本质特征.

1.1.2   模糊集合与算法理论

模糊概念源于对分类问题的刻画. 1964 年, 加利福尼亚大学伯克利分校的 L. A. Zadeh 与其合作者针对分类问题的表达, 采用隶属度等级连续地表示类别, 提出了模糊集合的概念. 在此后的几年间, Zadeh 通过引入凸集与超平面较全面地描述了模糊集合及其子集 (Zadeh, 1965), 并在从 0 到 1 的隶属度连续表述类别等级的基础上, 提出了 If 结构的模糊算法 (Zadeh, 1968), 由此逐步建立了模糊系统的理论基础. 在此期间发表的著名论文 *Fuzzy Set* 和 *Fuzzy Algorithms* 至今广为传播, 作为 Zadeh 的代表作确立了他作为模糊理论创始人的地位.

在模糊理论初创时, Zadeh 已明确地认识到, 尽管 "模糊" 而非 "精确", 但作为一种与传统概念不同的理论与方法, 模糊理论将在信息处理、控制、模式识别、系统辨识、人工智能等许多领域中获得应用, 甚至可用于不完全或不确定信息的复杂系统决策过程. Zadeh 将模糊隶属度与 "变量" 联系起来, 提出语言变量和语言变量值, 赋予了模糊集合向现代工程应用的可能, 并创立了由模糊条件语句表述变量之间简单关系的 If-Then 方法 (Zadeh, 1973). 模糊语言变量源于自然语言, 用以描述事物特性, 语言变量值则给出了其具体属性, 例如, 对于语言变量——"空调温度", 其语言变量值可以是 "$x = $ 高" 或 "$x = $ 很高" 等, 这与数字变量不同.

在模糊条件语句中, If 和 Then 部分均以模糊语言变量表达, 推理过程则表达了变量所在模糊集之间的关系, 例如, "If $x = $ 很小, Then $y = $ 小", 由此可通过模糊推理建立更复杂的变量与集合间关系. 显然, 这一过程符合将人类经验直接运用于自动控制系统的要求. 已经知道, 这类基于模糊集合的推理方法后来成为模糊控制的基本形式, 从而也证实了 Zadeh 关于模糊集合与算法将用于人工智能领域的大胆预测.

模糊理论以模糊集合为基础, 经 "语言规则" 描述 "经验", 从而可用于计算机数字控制 (Zadeh, 1965; 1968; 1973), 而且, 模糊系统将 "经验知识" 引入控制系统, 因而可处理复杂的非线性系统, 实现人工智能控制 (Mamdani, 1974). 在应用实践中, 自动控制是模糊集合与模糊算法等理论最早获得成功应用并取得重要进展的领域 (Takagi and Sugeno, 1985), 经过 40 多年的发展, 模糊系统的理论与方法已成为人工智能领域中处理复杂、非线性动力学与控制问题的最有效工具 (Sugeno, 1999; Nguyen et al., 2019).

1.2 传统控制系统设计

一个基本的控制系统可由图 1.1 表示, 控制对象 (也称为过程或对象系统) 是控制目标, 其输入为 $u(t)$, 输出为 $y(t)$, $r(t)$ 是参考输入. 例如在巡航控制中, $u(t)$ 则为油门开度输入量, $y(t)$ 为车辆速度, $r(t)$ 是驾驶员指定的理想速度. 此时控制对象为车辆, 控制器为车辆电子控制单元, 将根据车辆实时速度和指定的理想速度调节油门开度. 在图 1.1 中, 底部箭头方向给出了自动控制的本质——反馈, 当控制对象的输出 $y(t)$ 与参考量 $r(t)$ 之间存在差值 $e(t)$ 时,

$$e(t) = r(t) - y(t) \tag{1.2.1}$$

控制器将根据控制策略设计控制律, 更新输入 $u(t)$, 使误差减小直到满足系统性能指标的要求. 本节接下来将给出传统控制系统的设计步骤, 包括数学建模、控制器设计及性能验证等.

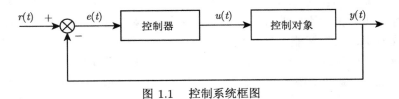

图 1.1　控制系统框图

1.2.1　数学建模

对所关心的控制系统建立数学模型的过程, 是逐步把握受控对象系统特性的过程, 后续控制律的设计与控制性能的评价也是以数学模型为基础的. 数学建模一般有两种方式: 一种是完全依据物理学原理进行的理论建模, 例如, $F = ma$; 另一种是以系统辨识为主要技术手段开展的实验建模. 然而, 理论建模与实验建模并不完全独立, 这两种模式常常被共同用于控制对象的数学建模. 建模过程的第一步, 由物理分析获得微分方程, 该微分方程应当已完全表达了系统的一般行为和特征, 第二步, 根据实验中获得的系统输入输出数据, 由系统辨识方法确定上述微分模型中的参数或函数, 从而最终完成数学建模.

值得注意的是, 依据数学建模相关方法获得的系统模型, 实际上是该系统的若干模型中的某一个, 也不存在一个最精确的数学模型, 因为只有对象系统本身才是最准确的. 人们更关心的是最能够准确表达系统特征与性能的模型关系, 以设计并使用合适的控制器, "低阶设计模型" 就是一类简化模型. 在满足一定假设条件的情况下, "低阶设计模型" 以线性或只包含某些非线性特性的方式, 描述了系统的基本行为特征, 同时, 由于控制器的合成技术只有在满足一定的假设条件(如线性特性) 时才可运用, 因此, 线性简化模型在动力学与控制领域获得了广泛应用.

线性模型以状态方程与输出方程的形式, 描述了控制对象的输入、输出和状态之间的关系, 形如

$$
\begin{aligned}
\dot{x} &= Ax + Bu \\
y &= Cx + Du
\end{aligned}
\tag{1.2.2}
$$

式中, x, $\dot{x}$ 为状态变量及其一阶微分, u 为 n 维输入, A, B, C, D 分别为状态矩阵、输入矩阵、输出矩阵和控制矩阵, 在建模过程中由理论分析或参数辨识的方式确定.

线性模型也可以在频域中表示为传递函数的形式, 如 $G(s) = C(sI-A)^{-1}B + D$, s 为 Laplace 算子, $G(s)$ 为传递函数, I 为单位矩阵.

对于形如图 1.2 所示的小车——倒立摆系统, 如果设计控制器使摆杆能够在垂直位置保持直立, 首先需根据受力分析, 建立运动微分方程

$$\begin{cases} (m+M)\ddot{x} + ml\ddot{\theta}\cos\theta - ml\dot{\theta}^2\sin\theta = f \\ (J+ml^2)\ddot{\theta} + ml\ddot{x}\cos\theta - mgl\sin\theta = 0 \end{cases} \tag{1.2.3}$$

其中, M 为小车质量, m 为匀质摆杆质量, $2l$ 为摆杆长度, x 为小车的水平位移, θ 为摆杆的角位移, $J = \dfrac{1}{3}ml^2$. 假若摆杆在垂直方向左右的较小范围内运动, 即当 θ 很小时, 有 $\cos\theta = 1$, $\sin\theta = \theta$, $\dot{\theta}^2 = 0$, 经线性化可得

$$\begin{cases} \ddot{x} = \dfrac{(J+ml^2)f - m^2l^2g\theta}{J(M+m) + Mml^2} \\ \ddot{\theta} = \dfrac{(M+m)mlg\theta - mlf}{J(M+m) + Mml^2} \end{cases} \tag{1.2.4}$$

当状态向量如 $X = [\dot{x}, \ddot{x}, \dot{\theta}, \ddot{\theta}]^{\mathrm{T}}$ 时, 由式 (1.2.4) 可计算得到式 (1.2.2) 中的系数矩阵.

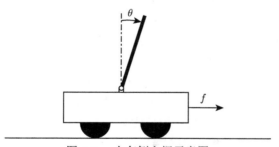

图 1.2   小车倒立摆示意图

根据上述状态空间方程或传递函数, 可由控制性能指标选择控制方法, 在频域或时域内设计相应的控制策略, 例如, Bode 图法、Nyquist 图法、根轨迹法、线性二次最优控制、模型参考控制、Robust 控制及自适应控制等.

1.2.2 控制器设计

若采用线性二次型调节器 (Linear Quadratic Regulator, LQR) 时, 对式 (1.2.4) 所描述的系统进行求解, 需确定状态反馈控制律 $u = -Kx$, 使二次型性能指标最小

$$J = \int_0^\infty (X^{\mathrm{T}}QX + u^{\mathrm{T}}Ru)dt \tag{1.2.5}$$

式中, Q, R 为半正定矩阵和正定矩阵, 有

$$K = R^{-1}B^{\mathrm{T}}P \tag{1.2.6}$$

其中, P 为 Riccati 方程 $A^{\mathrm{T}}P + PA + Q - PBR^{-1}B^{\mathrm{T}}P = 0$ 的解.

　　假若摆杆在垂直线附近运动, 即当 θ 较小时, LQR 能够将摆杆控制在要求的垂直位置. 但是, 当摆杆受到较大扰动更多偏离垂直位置时, 对式 (1.2.3) 的线性简化条件不复存在, 针对线性模型的控制设计已不适用, 对于线性二次最优控制, 由于非线性参数的存在, Riccatti 方程的解 P 不可得, 线性控制方法已无法实现.

　　在传统控制设计与实践中, 逐渐形成了许多种控制方法, 其主要内容和特点包括:

- **PID 控制**　应用最广泛的一种控制器, 简洁, 可靠, 易于理解.
- **经典控制**　超前-滞后补偿, Bode 图法, Nyquist 图法, 根轨迹法.
- **状态空间法**　状态反馈, 观测器法.
- **优化控制**　线性二次调节器.
- **鲁棒控制**　H_2 或 H_∞ 控制.
- **非线性控制**　滑模控制.
- **自适应控制**　模型参考自适应控制器.
- **统计控制**　线性二次高斯型, 统计自适应控制.
- **离散时间控制**　Petri 网控制, 监督控制等.

　　这些控制方法常常利用所建数学模型的信息, 设计成各种调节方法并应用到控制实践, 其中, 一些信息和调节方法是具有经验知识特点的, 但并未包含在数学模型和所设计的控制器中. 在建模之外, 严格的假定、必要的假设, 以及相对简化的线性和非线性控制器等, 究竟是如何实现相对有效和成功控制的, 又如何借鉴与考察这类经验和贡献, 传统控制本身对此并没有回答.

　　当系统的非线性因素不可忽略时, 或在某些情况下这些非线性因素对系统的响应变得越来越重要时, 就需要考虑非线性系统的控制设计, 此时, 系统模型需表示为状态与输入的非线性函数

$$\begin{cases} \dot{x} = f(x,u) \\ y = g(x,u) \end{cases} \tag{1.2.7}$$

式中, 状态变量 $\dot{x}$ 与输出变量 y 由函数 f,g 表示. 对于许多非线性系统, 其状态、控制与输出之间的非线性函数 f,g 尚未可知, 此时, 以线性模型为特征的控制方法已失去优势而变得难以应用.

1.2.3 性能验证

控制器设计完成后需进行性能分析与评估. 性能分析与验证过程是一个不断调试以满足闭环系统特性的过程, 因而也是控制系统设计的组成部分. 传统控制器性能验证的方式主要有如下三种.

(1) 数学分析.

控制器性能的数学分析是建立在数学模型基础上的, 通常可以对上升时间、超调量、稳态误差、Lyapunov 稳定性、渐近稳定性等性能做出判断. 由于精确数学模型尚未包含对象系统中的全部信息, 例如, 复杂的非线性因素、随机干扰影响等要素, 因而数学分析还不能对此进行性能分析与评估.

(2) 仿真分析.

仿真分析以物理系统的仿真模型为基础. 通过系统辨识或参数测量可获得仿真模型参数, 仿真分析中也可以采用真实的输入输出数据, 因而使得性能分析更加准确.

(3) 实验研究.

与数学分析和仿真分析相比, 实验研究具有通过现实系统和实际操作获得设计的直接效果的特点. 通常情况下, 实验研究在费用、时间以及设备器材等方面需满足一定的条件. 在大量的数学与仿真分析的基础上, 可以实施实验研究.

每一种性能验证方式, 均为在调试中提升控制器性能. 在对象系统设计与控制的实践过程中, 三种验证方式常被组合使用.

1.3 模糊控制系统设计

1.3.1 模糊模型

在将包含人类经验的知识和规则用于控制系统设计的过程中, 模糊控制提供了一种典型的方法. 对于图 1.2 所示的倒立摆系统, 若由一名儿童根据经验规则去完成, 事实上也能够轻松地通过移步使摆杆保持在垂直位置, 如图 1.3 所示.

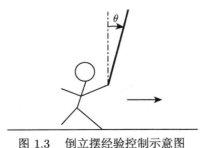

图 1.3 倒立摆经验控制示意图

如何根据摆杆的位置和运动趋势作出移步的判断, 该决策过程包含了先验知识和规则推理的内容. 偏离角度的大小、运动趋势的方向以及移动的快与慢等信息与规则, 均隐藏在大脑中, 用这些经验知识、规则和推理实现控制的技术方法, 就是模糊控制.

在此精确控制的实践过程中, 并没有微分方程的建立和求解过程的参与, 依据的只是人类的经验知识. 例如,

规则 1: 如果偏离垂直位置的角度 θ 较小, 那么较慢移动;

规则 2: 如果偏离垂直位置的角度 θ 较小, 且偏离角度的变化 $\dot{\theta}$ 较大, 那么较快移动;

规则 3: 如果偏离垂直位置的角度 θ 很小, 且偏离角度的变化 $\dot{\theta}$ 很小, 那么保持不动;

等等, 均为实践证明有效的倒立摆控制经验规则. 因此将数学建模过程替换为经验知识规则的表达, 同样可以描述控制对象的本质与规律, 能够实现系统控制的目的.

若将图 1.1 中的传统控制器由模糊控制器代替, 将构成模糊控制闭环系统, 如图 1.4 模糊控制系统框图所示. 与传统控制系统最大的不同在于, 模糊控制系统以 "经验规则" 设计模糊控制器, 而不是传统控制要求的精确数学模型.

图 1.4   模糊控制系统框图

需要说明的是, 这并不意味着无须建立数学模型, 1.2.1 小节中已经指出, 对所关注的研究对象建立数学模型是后续分析的基础, 在模糊控制系统设计中, 这一原则仍然适用. 根据物理学主要原理建立数学模型, 是准确掌握系统动力学特性的理论基础, 而且, 在数学模型基础上开展的仿真分析, 是正确理解系统控制过程的关键环节.

1.3.2   模糊控制器设计

在模糊控制系统中, 模糊控制器是将 "经验知识" 转变为计算机可执行过程的关键环节, 也就是儿童将控制倒立摆的经验转换为脚步移动快慢大小的过程, 模糊控制器主要由四部分组成, 如图 1.5 模糊控制系统框图中阴影框所示:

(1) **规则库**   包括数据和知识;

(2) **模糊推理机制**   根据知识库由推理规则确定当前状态下的控制结论;

(3) **模糊化** 将输入量变换到推理规则的适用范围;

(4) **逆模糊化** 将推理结论变换为控制对象的实际控制量.

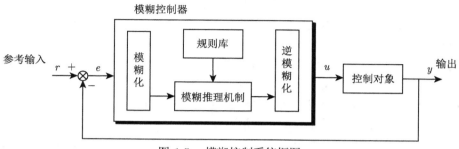

图 1.5 模糊控制系统框图

其中, 模糊化和逆模糊化由模糊集合与隶属度等确定, 遵循一定的计算方式, 推理机制则基于常用的假言推理逻辑. 此外, 与常见控制系统设计类似, 模糊控制系统设计还包括输入量和输出量的选择确定、输入量的预处理和输出量的后期处理等等.

模糊控制器实现了一种智能决策方式, 模糊控制器的设计运用了以规则形式描述的系统形式, 也就是实现了曾经为人类经验与语言所描述系统的控制, 即 "如果系统输出和参考输入为一定状态行为, 那么控制量就应是某值". 所有这些状态行为及相应的控制量构成了 "If-Then" 规则库, 每当有一个新的状态出现时, 根据事先积累的经验规则与系统数据, 通过推理就可以获得控制策略.

在控制器性能分析方面, 由于模糊控制器是一种非线性控制器, 因而针对非线性控制系统的性能分析均可运用于模糊系统. 此外, 模糊控制的特点也引发了一些讨论, 例如, 用以构建模糊控制器的经验知识是否全部包括了系统所有可能的干扰、噪声与参数变化, 人类经验是否能够真实客观地预计闭环系统的不稳定或极限环等等, 因而有必要关注相应的方法论以发展、应用和评估模糊系统, 这也是本书的出发点与目的.

与传统控制系统相比较, 模糊系统无须建立精确数学模型, 不必求解高维非线性偏微分方程, 具有借助经验、利用专家知识应对系统非线性动力学与控制的特点, 在控制实践中具有快速性、鲁棒性较好等优点. 作为一类新型的智能技术, 模糊控制、模糊分类、模糊综合评判与模糊决策等在流程工业过程控制、故障检测, 以及机器人位置控制与路径规划等领域获得了广泛应用, 并推广到航空器/航天器的飞行控制、导航控制、卫星姿态控制、车辆自动驾驶、发动机控制、停车泊位等许多领域, 同时在工业、农业、医学、心理学、军事、计算机科学、信息科学、管理科学、系统科学、工程技术等众多领域的应用成效亦非常显著.

1.3.3　性能验证

与传统控制器相比,模糊控制器是一种新型智能控制器,在实践应用方面,模糊控制系统具有许多优势,但在性能验证方面,尚未建立起传统方法、模糊方法,以及与之相关的理论、仿真、计算和实验之间的详尽分析路径. 用于传统控制器性能评价的三种方式——数学分析、仿真分析、实验研究,均可运用于模糊控制器的性能分析与验证. 消费类应用如智能洗衣机或电饭煲等控制系统,由于即使损坏或失败,也不会涉及人员伤亡,因而常常无须过于严格的性能验证,但在能源系统或飞行器控制等应用方面,严格的性能分析验证是十分重要的。

对于模糊控制器的性能分析,常常需要回答以下问题:① 先验知识是否包含了系统全部和必需的信息? ② 所设计的模糊控制器能够应对干扰、噪声和时变环境吗? ③ 经验匮乏者和经验丰富者设计完成的模糊控制器,其性能如何对比评价? 这些问题涉及了模糊系统作为智能系统在发展过程中,以经典控制系统的既有模式需回答的质疑. 本书旨在分析、讨论和应用模糊系统理论与方法,并对此进行探索与回答.

1.4　模糊系统的发展历程

有关模糊的概念,是应语言的数字表示这一要求而产生的. 但是,模糊理论的发展并未因循通常科学技术产生与发展的一般过程,即按照从理论创建到逐步成熟并最终推动应用的进程,而是通过模糊控制技术的广泛应用,全面推进着相关理论的完备与拓展. 这也如同人工智能领域中若干方法的发展历程,简捷的智能思路促成了与之相关的系统技术的快速应用,而大量的成功应用反过来又推动了相关理论的建立和发展,2012 年以来,以深度学习为代表的人工智能技术在产业界的迅猛发展,再次推动了神经网络相关基础理论的深入探索.

1.4.1　标准型模糊模型

在人工智能领域,较早发展并最具有代表性的是人工神经网络和模糊系统,二者均经历了萌芽、成长、低谷、兴起和快速发展的历程,不同的是,对前者的推动是由许多研究人员共同完成的,尽管形成了如 Hopfied 网络等以提出者命名的结构形式,但同时期大量涌现出多种神经网络结构形式与算法策略的现象,表明科学技术对某一领域的整体促进规律. 后者则与此不同,主要形成了两种形式的典型模糊模型——Mamdani 标准型与 Takagi-Sugeno 函数型,并且是以提出者姓氏来命名的,区分模糊模型的特点的同时,突出了创始人的重要贡献.

在模糊逻辑 "If 前提 Then 结论" 结构中,前提部分均以模糊集及隶属度表示,按照结论部分表示的不同形式,可以分为标准型模糊模型和函数型模糊模型. 在标准型模糊模型中, 结论部分亦是以模糊集及隶属度表示的, 在函数型模糊模型中, 结论部分则是以前提输入的某种函数形式给出的, 因而称为函数型模糊模型.

标准型模糊模型因伦敦大学学者 E. H. Mamdani 而命名, 常称之为 Mamdani 标准型. 1973 年, Mamdani 将模糊逻辑控制器同语言相结合, 在蒸汽机车控制实验中首次将经验直接转变为控制策略 (Mamdani and Assilian, 1975). 首先, 在控制参量归一化的过程中, 将其量化为 14 个点集, 对该点上的数值在模糊子集上进行隶属度赋值, 如图 1.6, 分别给出了在 PB(Positive Big), PM(Positive Medium), PS(Positive Small), PO(Positive Zero), NO(Negative Zero), NS(Negative Small), NM (Negative Medium), NB(Negative Big) 等八个子模糊子集上的隶属程度, 并用闭区间 $[0, 1]$ 上的数值来表示, 从而构成了经典查表法的基本形式.

	−6	−5	−4	−3	−2	−1	−0	+0	+1	+2	+3	+4	+5	+6
PB	0	0	0	0	0	0	0	0	0	0	0.1	0.4	0.8	1.0
PM	0	0	0	0	0	0	0	0	0	0.2	0.7	1.0	0.7	0.2
PS	0	0	0	0	0	0	0	0.3	0.8	1.0	0.5	0.1	0	0
PO	0	0	0	0	0	0	0	1.0	0.6	0.1	0	0	0	0
NO	0	0	0	0	0.1	0.6	1.0	0	0	0	0	0	0	0
NS	0	0	0.1	0.5	1.0	0.8	0.3	0	0	0	0	0	0	0
NM	0.2	0.7	1.0	0.7	0.2	0	0	0	0	0	0	0	0	0
NB	1.0	0.8	0.4	0.1	0	0	0	0	0	0	0	0	0	0

图 1.6 控制参量的模糊隶属度赋值 (Mamdani, 1975)

其中, PB, PM, PS, PO, NO, NS, NM, NB 分别表示 "正大"、"正中"、"正小"、"正零"、"负零"、"负小"、"负中" 和 "负大", 以便用于计算机控制. 在将所关心的全部变量 (蒸汽机压力、速度、温度、风门开度等) 均以模糊子集隶属度的形式赋值后, 根据经验由推理就可以获得控制策略, Mamdani 据此给出了模糊控制的经典模型 (Mamdani,1974), 也称之为 Mamdani 标准型模糊模型, 形如

$$\text{If } x \text{ is NB}, \quad \Delta x \text{ is NM}, \quad \text{Then } y \text{ is PB} \tag{1.4.1}$$

式中, x, Δx 为状态变量及其变化量, y 为控制量.

Mamdani 标准型模糊模型开创了将模糊集合与算法运用于实际控制的方式, 因而在模糊系统发展进程中具有重要意义, 其主要特点在于:

(1) 采用模糊子集上的隶属度值表示变量大小的程度, 将控制经验数值化;

(2) If-Then 推理的前提和结论部分均采用模糊子集表达, 建立了模糊控制的基本形式.

1.4.2　函数型模糊模型

函数型模糊模型是指 If-Then 逻辑结构中, 其前提部分仍为模糊子集及其隶属度, 但推理结论部分成为前提参量的函数, 不再是以模糊子集及其隶属度表示的标准形式. 1985 年, 东京工业大学学者 Takagi 与 Sugeno 在试图解决多变量之间的蕴涵关系和推理问题时, 提出了一种蕴涵规则 (Takagi and Sugeno, 1985), 即 Takagi-Sugeno 函数型模型, 也被简称为 T-S 模型, 如

$$R: \text{If } x_1 \text{ is } A_1, \cdots, x_k \text{ is } A_k, \text{ Then } y = g(x_1, \cdots, x_k) \tag{1.4.2}$$

式中, $x_1, \cdots, x_k$ 为前提变量, $A_1, \cdots, A_k$ 为模糊子集, 其上定义的模糊隶属度函数蕴涵了推理规则 R, y 为结论变量, g 为前提条件满足时关于 $x_1, \cdots, x_k$ 的函数. 由模糊推理系统可对复杂、非线性系统建模知, g 可以是非线性函数, 也可以是线性函数.

若采用线性函数表示前提条件中各参量之间的关系, 上述规则可简写为

$$R: \text{If } x_1 \text{ is } A_1, \cdots, x_k \text{ is } A_k, \text{ Then } y = p_0 + p_1 x_1 + \cdots + p_k x_k \tag{1.4.3}$$

可以看出, 式 (1.4.3) 函数型模糊模型建立了输入参量的分段光滑线性函数关系, 由于在整体上呈现分段连续, 因而也可视作一类非线性模型.

在提出 T-S 模型的同时, Takagi 与 Sugeno 将其运用于工业控制, 为水净化处理与炼钢流程系统设计了 T-S 模型建模、辨识与控制方法, 特别是在系统辨识方面, 提出了基于性能指标度量的前提结构选择与前提参数辨识模式, 建立了模糊系统辨识环节, 从而确立了模糊理论在控制领域包括建模、辨识与控制的完备条件, 为模糊系统理论在智能控制领域占据主要地位打下了基础.

1.4.3　模糊系统理论与应用进展

二十世纪六七十年代, 模糊理论开始出现的时候, 神经网络也正处于创建感知机的发展时期, 由于当时数字计算机正处于初盛时期, 大多数观点认为数字计算机将能够解决人工智能、模式识别、专家系统等方面的许多问题, 因而模糊理论与神经网络均未得到足够关注, 相关理论与应用发展在较长一段时间内均处于停滞状态. 八十年代中后期, 这一状况随着微电子技术的快速发展逐渐得以改变, 模糊控制在工业界、家电产业等领域获得大量运用, 因而推动了模糊系统理论与技术的全面发展 (Sugeno, 1999).

八十年代中后期, 一方面由于两位日本学者提出的 Takagi-Sugeno 模糊函数模型在技术应用上更便捷, 另一方面, 因微电子加工制造技术在日本产业界迅速崛起, 日本工业界通过推进与实施模糊理论与技术, 形成了规模巨大的产业, 从流

程工业 (回转窑) 开始, 逐步推进到应用于家用电器, 例如自动洗衣机等行业领域, 从而最终将模糊理论与技术推向一条快速发展的道路.

华人学者王立新于九十年代初在加利福尼亚大学伯克利分校, 与模糊理论创始人 Zadeh 一起, 对推进模糊控制技术与应用的发展做出了重要的贡献, 在从应用实例提取生成规则进行模糊控制器设计 (Wang and Mendel, 1992a)、复杂和非线性系统的自适应模糊控制与稳定性 (Wang and Mendel, 1992b; Wang, 1993) 研究等方面, 较早地开创并拓展了模糊控制的稳定性分析以及与神经网络的组合应用, 丰富了模糊理论与相关技术的应用领域.

模糊控制在工业界取得的成功, 使人们开始对比它与传统 PID 控制之间的区别以及预测是否具有取而代之的潜力 (胡包钢和应浩, 2001), 因此形成了多种模糊 PID 控制形式, 例如, 增益调整型模糊 PID、混合型模糊 PID(郭大蕾等, 2001)等等, 与此同时, 在设计量化因子、解模糊化、规则规模和隶属度函数等多个环节中, 不断融合多种传统控制或新型智能算法, 既是对模糊控制理论的深入探索, 也拓展了模糊控制与技术的内容 (Passino and Yurkovich, 1998; Mamdani and Pitt, 2000).

随着模糊系统技术的广泛应用, 技术人员开发出许多模糊逻辑算法和应用平台. 一般来说, 由于模糊系统设计较多地依赖于个人经验和知识水平, 因而专用软件和算法平台常根据其处理问题的目标各有侧重. 从应用目的来分, 可分为通用型模糊系统软件、专用型模糊系统软件、模糊语言等应用平台; 从开发类型来分, 则包括了代码型、文库型、工具箱型和组合型等 (Alcalá-Fdez, 2016), 此外, 还可以从商用或开源加以区分, 常用模糊系统商用软件如 Fuzzy Logic Toolbox for MATLAB, 以及 Fuzzy Logic 2 add-on for Mathematica, 提供了在学习、建模、仿真和例证等方面的全面功能, 其他免费、开源模糊系统软件有 FisPro(Fuzzy Inference System Professional)、KEEL(Knowledge Extraction based on Evolutionary Learning), 前者关注模糊模型, 后者则提供了关于进化与多目标优化算法实例, 等等.

模糊系统软件开发的多样化同时也促进了模糊系统在更广泛领域内的应用. 根据在 ISI Web of Knowledge 中的查询比较, 在 2009 年前后, 模糊系统应用领域主要集中于计算机科学与工程系统, 包括了数学、计算机、生物学、力学、通信、管理科学、经济学、环境科学、仪器设备、自动控制系统、材料科学、水资源、地理等 10 多个学科门类, 其中自动控制、运作管理科学为最主要领域. 经过五年多的发展, 到 2014 年左右, 其应用已拓展到光声学、电子化学、物理学、建筑工程技术、能源燃料、机器人、教育、信息科学、图书馆学、商务管理等 22 个领域, 其中教育、能源燃料跃升为新的活跃领域. 2016 年以来, 随着对抗网络的兴起, 模糊系统将其与运作管理联系起来 (Nguyen, 2019), 正在开辟出全新应用前景.

1.5 本书体系和内容

近年来, 随着控制系统应用及其软件走向成熟, 尤其是智能控制仿真和显示技术的普及, 研究对象的动力学建模、计算、分析和设计日益依赖控制系统软件. 在这样的背景下, 对与控制理论及控制工程相关的基本理论和基本方法的教学不断压缩, 基础理论、实验方法、工程实践等环节均受其影响, 以模糊逻辑与推理为核心内容的模糊系统也是如此, 已经阻碍了智能信息技术的应用与发展. 本书的体系设计与内容选取旨在引导读者掌握模糊系统的基本原理和基本方法, 进而开展研究型学习.

本书内容分为两大主要部分, 前半部分以模糊系统基础为主, 第 1 章为模糊系统概述, 第 2, 3 章介绍了模糊集合、模糊关系、模糊逻辑和模糊推理等模糊理论及数学基础; 后半部分以模糊信息处理控制相关内容为主, 第 4—8 章分别为模糊控制、模糊分类、T-S 模型与模糊系统性能、模糊辨识、模糊系统的设计应用, 第 9 章论述了包括模糊系统、神经网络、遗传算法等智能控制的进展, 并展望了自主智能的未来发展. 各章的主要内容如下:

第 1 章概述模糊系统的基本概念与简要发展, 阐述模糊语言与模糊集合, 引导读者根据智能控制中对经验知识的应用需求, 来认识提出模糊系统的思路, 启发后续学习, 并思考如何发掘和发展智能.

第 2 章介绍模糊数学基础, 从与经典集合和经典关系对比的角度重点介绍了模糊集合与模糊关系, 以及模糊变换等. 该章的内容不同于基础教程, 而以模糊隶属度、模糊隶属度函数及相关计算作为模糊系统的数学基础, 以期为更好地理解模糊理论与方法提供一种便捷的方式.

第 3 章介绍模糊规则推理, 辅以倒立摆模糊控制规则与推理过程, 重点介绍 If-Then 模糊推理, 包括模糊语言变量、模糊逻辑演算、模糊条件推理等. 模糊推理与模糊隶属度共同构成模糊系统的关键内容, 这是理解和设计模糊系统的理论基础.

第 4 章介绍模糊控制系统, 以标准型模糊模型为主, 介绍模糊控制系统四个组成部分——模糊化、知识库、规则推理、逆模糊化等, 并给出圆台倒立摆模糊控制系统的设计与分析.

第 5 章介绍模式分类与聚类中的模糊方法, 包括模糊分类、基于规则的模糊分类、模糊聚类等, 重点介绍基于 If-Then 规则的模糊分类、模糊 k-均值聚类等.

第 6 章介绍函数型模糊模型及模糊系统性能, 包括 T-S 型模糊模型的基本特征、分段线性特性、模糊控制系统的性能、模糊系统学习平台等, 其中, T-S 型模糊模型是第 7 章模糊系统辨识与参数估计的基础.

第 7 章介绍模糊系统辨识与参数估计及模糊自适应系统, 包括 Mamdani 标准型、T-S 函数型模糊系统辨识与参数估计, 重点介绍最小二乘法、梯度下降法、模糊聚类及其混合方式的前提结构辨识、前提参数估计、结论参数估计与在辨识估计基础上构成的模糊自适应性系统.

第 8 章综合介绍模糊系统的设计与应用, 从智能信息处理与智能信息控制的角度分别介绍了模糊分类与模糊控制的典型应用.

第 9 章介绍了模糊系统理论与应用的进展, 包括分段多仿射系统及在此基础上的模糊系统稳定性分析、其他主要计算智能方法及与模糊系统的组合应用、人工智能高级方式——自主智能展望等.

本书是关于模糊系统理论与应用的教材, 但在内容的安排上, 注重引导读者从学术研究的角度了解模糊系统机理. 第 1—3 章为模糊系统基础, 第 4—7 章为模糊系统理论, 第 8 章和第 9 章为模糊系统应用和展望, 彼此独立, 可以选择阅读, 但按章节顺序阅读和学习效果更佳.

思 考 题

1.1 人类对自然现象的认识经历了从朦胧到清晰的过程, 自文艺复兴与牛顿定律诞生以来, 人们开始以抽象的公式和定理来精确描述世界, 进入信息时代以来, 精确数字化更成为计算机处理信息的主要特征, 请思考, 在这样的背景下, 如何去表达日常生活中的 "模糊" 概念, 模糊理论又是以什么工具特征来描述事物呢?

1.2 请思考, 传统控制器设计包含了哪些基本环节, "模糊" 概念是如何被引入其中而成为模糊控制器的?

1.3 模糊控制器是线性控制器还是非线性控制器? 与传统控制器相比, 有何优点?

1.4 回顾模糊系统的发展历程, 请指出主要的两类模糊模型, 谈谈其区别和联系.

参 考 文 献

郭大蕾, 周文, 胡海岩. 2001. 具有可调增益的模糊–PID 电液主动控制悬架. 振动工程学报, 14(3): 273-277.

胡包钢, 应浩. 2001. 模糊 PID 控制技术研究发展回顾及其面临的若干重要问题. 自动化学报, 27(4): 567-584.

Alcalá-Fdez J, Alonso J M. 2016. A survey of fuzzy systems software: Taxonomy, current research trends, and prospects. IEEE Trans. Fuzzy Systems, 24(1): 40-56.

Mamdani E H. 1974. Application of fuzzy algorithms for control of simple dynamic plant. Proc. Institute of Electrical Engineers, 121(12): 1585-1588.

Mamdani E H, Assilian S. 1975. An experiment in linguistic synthesis with a fuzzy logic controller. Int. J. Man. Mach. Stud., 7(1): 1-13.

Mamdani E, Pitt J. 2000. Responsible agent behavior: a distributed computing perspective. IEEE Internet Computing, 4(5): 27-31.

Nguyen A T, Taniguchi T, Eciolaza L, et al. 2019. Fuzzy control systems: past, present and future. IEEE Computational Intelligence Magazine, 14(1): 56-68.

Passino K M, Yurkovich S. 1998. Fuzzy Control. Reading, MA: Addison-Wesley.

Sugeno M. 1999. On stability of fuzzy systems expressed by fuzzy rules with singleton consequents. IEEE Trans. Fuzzy Syst., 7(2): 201-224.

Takagi T, Sugeno M. 1985. Fuzzy identification of systems and its applications to modeling and control. IEEE Trans. Syst. Man, Cybern., 15(1): 116-132.

Wang L X. 1993. Stable adaptive fuzzy control of nonlinear systems. IEEE Trans. Fuzzy Systems, 1(2): 146-155.

Wang L X, Mendel J M. 1992a. Generating fuzzy rules by learning from examples. IEEE Trans. Syst. Man, Cybern., 22(6): 1414-1427.

Wang L X, Mendel J M. 1992b. Fuzzy basis functions, universal approximation, and orthogonal least-squares learning. IEEE Trans. Neural Networks, 3(5): 807-814.

Zadeh L A. 1965. Fuzzy sets. Inf. Control, 8: 338-353.

Zadeh L A. 1968. Fuzzy algorithms. Inf. Control, 12(2): 94-102.

Zadeh L A. 1973. Outline of a new approach to the analysis of complex systems and decision processes. IEEE Trans. Syst. Man, Cybern., 3(1): 28-44.

第 2 章 模糊数学基础

模糊数学是应模糊理论的发展和要求而逐步建立的. 模糊数学主要借鉴了经典集合理论与数理逻辑等基础, 通过规定、定义和扩展等方式发展出若干与模糊隶属度函数紧密相关的概念与方法, 形成了模糊数学基本理论基础. 模糊数学的创建与完善, 为模糊系统理论与应用开辟了理论基础, 并在半个多世纪历经波折的发展进程中, 为模糊系统理论与应用的壮大起到了非常重要的作用.

本章将通过经典集合与模糊集合中一般概念与方法的比较分析, 简要介绍模糊系统理论的数学基础.

2.1 经典集合

2.1.1 集合及其特征函数

集合一般是指具有某种属性的、确定的、彼此间可以区别的事物的全体, 将组成集合的事物称为集合的元素或元. 集合通常用大写字母 $A, B, C, \cdots$ 表示, 集合内的元素用小写字母 $a, b, c, \cdots$ 表示. 元素与集合之间为属于或不属于的关系, "x 属于 A" 记为 $x \in A$, "x 不属于 A" 记为 $x \notin A$.

只含有有限个元素的集合称为有限集, 含有无限个元素的集合称为无限集.

论域 被考虑对象的所有元素的全体称为论域.

全集 有时也称为空间, 一般用大写字母 U 表示.

空集 不包含任何元素的集合, 用 $\varnothing$ 表示.

包含 对于任意的 $x \in A$, 都有 $x \in B$, 则称 B 包含 A, 记为 $A \subseteq B$.

子集 集合 A 的每一个元素都是集合 B 的元素, 则称集合 A 是集合 B 的子集. 若 $A \subseteq B$ 且 $A \neq B$, 则称 A 是 B 的真子集, 记为 $A \subset B$.

交集 若 A, B 是两个集合, 属于 A 同时又属于 B 的所有元素组成集合 P, 称 P 为 A 与 B 的交集, 记为 $P = A \cap B$ 即

$$A \cap B = \{x \mid x \in A \text{ 且 } x \in B\}$$

并集 若 A, B 是两个集合, 属于 A 或属于 B 的所有元素组成集合 S, 称 S 为 A 与 B 的并集, 记为 $S = A \cup B$, 即

$$A \cup B = \{x \mid x \in A \text{ 或 } x \in B\}$$

差集　若 A, B 是两个集合, 属于 A 但不属于 B 的所有元素组成集合 Q, 称 Q 为 A 与 B 的差集, 记为 $Q = A - B$, 即

$$A - B = \{x | x \in A \text{ 且 } x \notin B\}$$

补集　若 A 是集合, U 是论域, 由论域 U 中不属于 A 的所有元素组成的集合称为 A 在 U 中的补集, 记为 $\complement_U A = U - A$, 即

$$\complement_U A = \{x | x \notin A \text{ 且 } x \in U\}$$

集合论是现代数学的基础, 集合可以表示**概念**. 概念具有两个基本特征——内涵和外延, 概念的内涵是指该概念所反映的事物对象特有的属性, 概念的外延是指其所反映的事物对象的范围. 表达概念的语言形式是词或词组. 例如, 对于"水果"这一概念, 将其限定在"植物"这个范围内, 从植物的集合 X 中选出所有的水果, 构成 X 的一个子集 A, A 即为概念"水果"的外延, 即水果的集合表现.

给定论域 U, 设 a 为某一概念, 其外延是 U 的一个子集 A, 对于 U 中任一元素 x,

$$x \text{ 符合概念 } a \Leftrightarrow x \in A \tag{2.1.1}$$

在经典集合论中, 元素 x 与集合 A 之间, 有且只能有一种情形成立, $x \in A$ 或 $x \notin A$, 因而对于概念 a 来说, "x 符合概念 a" 或 "x 不符合概念 a" 二者必有且仅有一种情形成立, 这一概念是确切的.

设 $A \in U$, U 为给定论域, 集合 A 可由**特征函数** χ_A 唯一确定

$$\chi_A : U \to \{0, 1\}$$

$$\chi_A(x) = \begin{cases} 1, & x \in A \\ 0, & x \notin A \end{cases} \tag{2.1.2}$$

集合 A 的特征函数在 x 处的值称为 x 对于 A 的隶属度. 当隶属度为 1 时, 表示 x 绝对隶属于 A; 当隶属度为 0 时, 表示 x 绝对不属于 A. 特征函数可完全表征经典集合中一个元素与一个集合的关系.

令 $\mathcal{F}(U)$ 是 U 的所有子集组成的集合 (称为 U 的幂集), $A, B \in \mathcal{F}(U)$, 称 A 包含于 B, 当且仅当对任意 $x \in U$, 都有

$$x \in A \Rightarrow x \in B$$

记作 $A \subseteq B$.

称 A 真包含于 B, 当 $A \subseteq B$ 且 $B \neq A$, 记作 $A \subset B$.

称 A, B 相等, 当 $A \subseteq B$ 且 $B \subseteq A$, 记作 $A = B$.

用特征函数表示为

$$A \subseteq B \Leftrightarrow \chi_A(x) \leqslant \chi_B(x), \ \forall x \in X$$

$$A = B \Leftrightarrow \chi_A(x) = \chi_B(x), \ \forall x \in X$$

$$A \subset B \Leftrightarrow 对 \ \forall x \in X, \ \chi_A(x) \leqslant \chi_B(x),$$

$$且 \exists x_0 \in X, \chi_A(x_0) < \chi_B(x_0) \tag{2.1.3}$$

2.1.2 映射

设 X, Y 是两个非空集合, 如果存在一个对应关系 f, 对于任意的 $x \in X$, 有唯一元素 $y(y \in Y)$ 与之对应, 则称 f 是从 X 到 Y 的**映射**, 记作

$$f : X \to Y,$$

$$x \mapsto f(x)$$

其中, 称 y 为元素 x 在映射 f 下的象 (Image). 集合 X 中所有元素的象的集合称为映射 f 的值域, 记作 $f(X)$.

函数是映射的特例, 在数学及相关领域, 映射还用于定义函数

$$x \mapsto f(x) = y$$

其中, $y \in Y$.

经典的映射为点-点映射, 即图 2.1 中的 x 到 y, 也可以将其扩展到**点-集映射**, 如图 2.1 中点 x 到集合 B 的映射, 或**集合-集合**的映射, 如图 2.1 中集合 A 到集合 B 的映射, 表示为

(1) 设 $f : X \to Y$, $x \mapsto f(x)$, 则称映射

$$f : X \to F(Y),$$

$$x \mapsto f(x) = B$$

为 X 到 Y 到点-集映射, 其中, $B \in F(Y)$.

(2) 设 $G : X \to Y$, $x \mapsto f(x)$, 则称映射

$$G : F(X) \to F(Y),$$

$$A \mapsto T(A)$$

为 X 到 Y 的集合映射, 也称为集合变换.

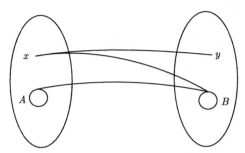

图 2.1 映射与映射扩展示意图

设映射 $f: X \to Y$, 对 $\forall A \in F(X)$, 令

$$f(A) = \{y \in Y | y = f(x), x \in A\} \tag{2.1.4}$$

其中, 称 $f(A)$ 为 A 在 f 下的**象**, $f(A) \in F(Y)$. 对 $\forall B \in F(Y)$, 令

$$f^{-1}(B) = \{x \in X | f(x) \in B\} \tag{2.1.5}$$

称 $f^{-1}(B)$ 为 B 在 f 下的**原象** (Inverse Image), $f^{-1}(B) \in F(X)$.

在某一映射下, 对于 A 中的不同元素, 在集合 B 中都有不同的象, 那么称映射 f 为从 A 到 B 的单射. 若集合 B 中的任意一个元素在集合 A 中都有原象, 则称映射 $f: A \to B$ 为满射. 既是单射又是满射的映射, 称为一一映射, 也就是说, 如果集合 B 中任意一个元素在集合 A 中有且只有一个元素与它对应, 则称映射 $f: A \to B$ 为一个 "一一映射".

由映射扩展过程, 经典映射被扩展为点-集映射和集合变换, 为模糊映射及模糊变换提供了理论基础.

2.2 模 糊 集 合

2.2.1 模糊集合及其表示

设在论域 X 上给定一个映射

$$\begin{aligned} \mu_{\tilde{A}} &: X \to [0,1] \\ x &\mapsto \mu_{\tilde{A}}(x) \end{aligned} \tag{2.2.1}$$

称 $\mu_{\tilde{A}}$ 确定一个 X 上的模糊子集 $\tilde{A}$. $\mu_{\tilde{A}}$ 称为 $\tilde{A}$ 的隶属度函数, $\mu_{\tilde{A}}(x)$ 称为 x 对 $\tilde{A}$ 的隶属度.

与普通集合相比, 模糊集合将特征函数取值范围由 $\{0,1\}$ 扩充到 $[0,1]$, 模糊隶属度打破了属于或不属于也就是 "非此即彼" 的限制, $\mu_{\tilde{A}}(x) \in [0,1]$ 表达了模糊集合中的元素属于该集合的程度.

模糊集合概念是相对于经典集合定义的, 构成模糊集合的元素也是具有某种共同属性的、确定的、彼此间可以区别的事物的全体, 不同的是, 经典集合的特征函数 $\chi_A(x)$ 清晰地用 0 和 1 两个值指明 x 要么不属于 A 和要么属于 A 两种情形, 模糊集合则可表达集合内元素间的属性特征程度可能不同这一特性 (罗承忠, 2009; 杨子胥, 2011).

例如, 对于身高这一普通概念, 常有 "矮个"、"中个" 或 "高个" 等描述, 尽管这些子集都表达了身高属性的某一特点, 但在日常生活中, 各身高集合的数值范围和界限并不明确, 因而身高 175cm 可能属于 "中个" 模糊集 M, 也有可能属于 "高个" 模糊集 T, 将因描述主体或语境的不同而不同, 仪仗队员可认为 $\mu_m(175) = 0.8$ 和 $\mu_t(175) = 0.6$, 中学生体测时则认为 $\mu_m(175) = 0.6$ 和 $\mu_t(175) = 0.8$, μ_m, μ_t 表示身高值属于模糊集合 "中个" 或模糊集合 "高个" 的程度, 闭区间 $[0,1]$ 上的隶属度值表达了属于某模糊子集的程度, 显示出这些元素属于这个模糊集合的 "资格", 因而具有了 "亦此亦彼" 的意义. 再如, 挑选 "女排队员都是高个子", 这里, "高个子" 较一般语境下的 "身高" 要求或 "高个子" 的含义更具体, 可能必须在 181cm 以上, 其模糊性在特定的语境中得到了补足, 但依然具有模糊的特点.

模糊集合的表示, 根据其特征函数——隶属度表示方式的不同, 常用的有以下四种.

(1) Zadeh 表示法.

当论域分别为离散的有限域 $X = \{x_1, x_2, \cdots, x_n\}$ 或无限域 $X = \{x_1, x_2, \cdots, x_n, \cdots\}$ 时, 由 Zadeh 表示法, 模糊集合 $\tilde{A}$ 可表示为

$$\tilde{A} = \frac{\mu_{\tilde{A}}(x_1)}{x_1} + \cdots + \frac{\mu_{\tilde{A}}(x_n)}{x_n} = \sum_{i=1}^{n} \frac{\mu_{\tilde{A}}(x_i)}{x_i} \qquad (2.2.2)$$

或

$$\tilde{A} = \frac{\mu_{\tilde{A}}(x_1)}{x_1} + \cdots + \frac{\mu_{\tilde{A}}(x_n)}{x_n} + \cdots = \sum_{i=1}^{\infty} \frac{\mu_{\tilde{A}}(x_i)}{x_i} \qquad (2.2.3)$$

式中, "+" 表示在论域 X 上, 组成模糊集合 $\tilde{A}$ 的全体元素 x_i, $i = 1, 2, \cdots, n$ 排序及与整体之间的关系, 并非加法运算, 同时, $\frac{\mu_{\tilde{A}}(x_1)}{x_1}$ 不代表分式, 表示元素 x_i, $i = 1, 2, \cdots, n$ 对于集合 $\tilde{A}$ 的隶属度 $\mu_{\tilde{A}}(x_i)$ 和元素 x_i 的对应关系, 后者亦

可写作

$$\tilde{A} = \int_X \frac{\mu_{\tilde{A}}(x)}{x}$$

例 1　一个由 8 件服装组成的论域 $X = \{x_1, x_2, \cdots, x_8\}$, 其上模糊子集 $\tilde{A}$ 表示 "漂亮的服装", 设隶属度依次为 $\mu_{\tilde{A}}(x_i) = 0.7, 0.9, 0.6, 0.4, 0, 0.1, 0, 0$, 由 Zadeh 表示法则可写作

$$\tilde{A} = \frac{0.7}{x_1} + \frac{0.9}{x_2} + \frac{0.6}{x_3} + \frac{0.4}{x_4} + \frac{0}{x_5} + \frac{0.1}{x_6} + \frac{0}{x_7} + \frac{0}{x_8}$$

若采用支撑集 (Support Set)——论域中隶属度值大于零的点集表示, 则有 $\tilde{A}$ 的支撑集

$$\tilde{A}^s = \frac{0.7}{x_1} + \frac{0.9}{x_2} + \frac{0.6}{x_3} + \frac{0.4}{x_4} + \frac{0.1}{x_6}$$

若采用 α 截集 (α-Cut)——论域中隶属度值大于等于 α 的点集表示, 则有 $\tilde{A}$ 的 0.6 截集

$$\tilde{A}^{\alpha=0.6} = \frac{0.7}{x_1} + \frac{0.9}{x_2} + \frac{0.6}{x_3}$$

(2) 序偶表示法.

模糊集合可由集合中的元素及其在该集合中的隶属度值一起构成的序偶表示, 如

$$\tilde{A} = \{(x_1, \mu_{\tilde{A}}(x_1)), (x_2, \mu_{\tilde{A}}(x_2)), \cdots, (x_n, \mu_{\tilde{A}}(x_n))\}$$

当用序偶表示法时, 上例中 $\tilde{A}$ 的支撑集和 0.6 截集可分别表示为

$$\tilde{A}^s = \{(x_1, 0.7), (x_2, 0.9), (x_3, 0.6), (x_4, 0.4), (x_6, 0.1)\}$$

$$\tilde{A}^{\alpha=0.6} = \{(x_1, 0.7), (x_2, 0.9), (x_3, 0.6)\}$$

(3) 向量表示法.

若以 X 中第 k 个元素 x_k 的隶属度 $\mu_{\tilde{A}}(x_k)$ 作为模糊向量 $\tilde{A}$ 的第 k 个分量, 模糊集合可表示为

$$\tilde{A} = \{\mu_{\tilde{A}}(x_1), \mu_{\tilde{A}}(x_2), \cdots, \mu_{\tilde{A}}(x_n)\} \tag{2.2.4}$$

对前例中的模糊集合, 有

$$\tilde{A} = \{0.7, 0.9, 0.6, 0.4, 0, 0.1, 0, 0\}$$

(4) 函数描述法.

对于身高模糊子集 "中个", 如图 2.2 所示, 可采用三角函数表示该模糊子集的隶属度函数 μ_M 为

$$\mu_M = \begin{cases} 0.1x - 15.5, & 155 \leqslant x \leqslant 165 \\ -0.1x + 17.5, & 165 < x \leqslant 175 \end{cases}$$

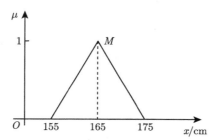

图 2.2　身高模糊子集 "中个" 隶属度函数图示

Zadeh 表示法、序偶表示法和向量表示法等模糊集合的表达方式较简洁, 在查表法设计模糊系统时, 可直观地从这些方式表达的隶属度值观察模糊控制的作用过程. 函数描述法则是运用最广泛的模糊集合表示方式, 也就是隶属度函数描述法, 2.2.2 小节将专门介绍模糊隶属度函数.

2.2.2　模糊隶属度函数

给定论域上的映射 $\mu_{\tilde{A}}$ 确定了模糊集合 $\tilde{A}$ 的隶属度函数, 也表示了该模糊集合. 以人的年龄作为论域 X, 可定义了 "年轻" $\tilde{Y}$、"年老" $\tilde{O}$ 两个模糊子集, 其隶属度函数为

$$\mu_{\tilde{Y}} = \begin{cases} 1, & 0 \leqslant x \leqslant 25 \\ \left(1 + \left(\dfrac{x-25}{5}\right)^2\right)^{-1}, & x > 25 \end{cases}$$

$$\mu_{\tilde{O}} = \begin{cases} 0, & 0 \leqslant x \leqslant 50 \\ \left(1 + \left(\dfrac{x-50}{5}\right)^{-2}\right)^{-1}, & x > 50 \end{cases}$$

隶属度函数曲线如图 2.3 所示, 图中, "年轻" 与 "年老" 的隶属度函数分别为 $\mu_{\tilde{Y}}$, $\mu_{\tilde{O}}$. 当 "年龄 = 60" 和 "年龄 = 65" 时, 对于模糊子集 "年老", 由隶属度函数可得 $\mu_{\tilde{O}}(60) = 0.8$, $\mu_{\tilde{O}}(65) = 0.9$, 清晰地表示出 65 比 60 更属于 "年老" 模糊

集, 也就是说, 属于 "年老" 集合的程度更大, 显然, 这种描述非常符合一般常识, 同理, 也更合理地区分了不同年龄在 "年老" 集合中的隶属程度.

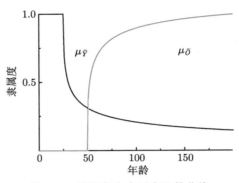

图 2.3　模糊集合隶属度函数曲线

同时, 也可以选择其他形状的隶属度函数表示元素属于某一模糊子集的程度, 例如高斯函数、三角函数、梯形函数等, 图 2.4 给出了常用隶属度函数图示, 不同隶属度函数表达了概念在数值化过程中的不同意义.

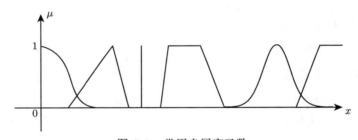

图 2.4　常用隶属度函数

若采用高斯隶属度函数

$$\mu(x) = \exp\left(-\frac{1}{2}\left(\frac{x-c}{\sigma}\right)^2\right)$$

描述年龄一词的 "青年""中年" 模糊子集, 在论域以 25 为模糊子集 "青年" 的最大隶属度值点, 45 为模糊子集 "中年" 的最大隶属度值点, 可得图 2.5 所示的隶属度函数.

这类对称的隶属度函数在模糊系统的设计中应用广泛, 包括高斯函数、三角函数以及梯形函数等, 大量的实践证明这类函数便于使用且非常有效.

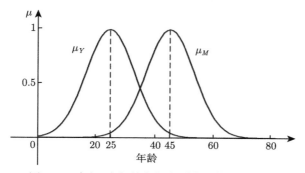

图 2.5   青年/中年的高斯隶属度函数模糊子集

2.2.3   模糊映射

在经典集合论中, 映射主要涉及的是将一个有限集合变换成另一个有限集合的函数. 在实际应用中, 使用最多的就是这种特殊的关系. 例如, 任何程序在计算机中的实现包括了种种这样的变换, 计算机的输出可以被视为输入数据的函数, 编译系统将一个源程序变换为目标程序的一个集合, 等等. 在本小节中, 将经典集合论的这一重要概念推广到了模糊集合论中, 同时, 也将映射推广到模糊映射.

设 X, Y 为两个论域, 若存在映射 $f: X \rightarrow Y$, 使得对于 X 中的任意元素 x, 均有 Y 中唯一确定的模糊集合 $\tilde{A}$ 与之对应, 称 f 是从 X 到 Y 的模糊映射, 记为

$$f: \quad X \rightarrow \mathcal{F}(Y)$$

$$x \mapsto f(x) = \tilde{A}$$

可知, 经典集合中的元素在映射 f 的作用下与模糊集合 $\tilde{A}$ 建立了对应关系, 这种映射 f 具有模糊化的作用, 因而又称为模糊化函数.

2.3   扩 展 原 理

2.3.1   凸模糊集

在欧氏空间中, 凸集是对于集合内的每一对点, 连接该对点的直线段上的每个点也在该集合内. 特别地, 在实数 R 上 (或复数 C 上) 的向量空间中, 如果集合 S 中任两点的连线上的点都在 S 内, 则称集合 S 为凸集. 类似地, 对于模糊子集, 凸集的性质具有重要的意义.

设 A 是以实数域 R 为论域的模糊子集, 隶属度函数为 $\mu_A(x)$, 若对 $a < \forall x < b$, 都有

$$\mu_{\underset{\sim}{A}}(x) \geqslant \min\{\mu_{\underset{\sim}{A}}(a), \mu_{\underset{\sim}{A}}(b)\}$$

则称 A 为一个凸模糊集. 图 2.6 给出了凸模糊集和非凸模糊集图示.

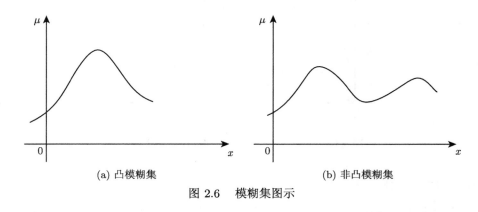

(a) 凸模糊集　　　　　　　　　　　　(b) 非凸模糊集

图 2.6　模糊集图示

2.3.2　如何设定隶属度函数

隶属度函数的设定过程, 本质上应该是客观的, 但是, 事实上尚无一个完全客观的评价标准. 在许多情况下, 常常首先粗略地确定隶属度函数, 然后通过辨识和经验逐步修改和完善, 而实际效果是检验和调整隶属度函数的重要依据.

由隶属度函数的定义可知, 隶属度函数的设定应当依循以下规则.

(1) 表示隶属度函数的模糊集合必须是凸模糊集合.

在一定范围内或者一定条件下, 模糊概念的隶属度具有一定的稳定性; 从最大的隶属度数值点出发向两边延伸时, 其隶属度是单调递减的, 不可呈波浪形, 即必须应是单峰; 一般用三角形和梯形作为隶属度函数曲线.

(2) 变量所取隶属度函数通常是对称和平衡的.

模糊变量的标值选择一般取 3—9 个为宜, 通常取奇数 (平衡), 在 "零""适中" 等集合的两边语言值通常取对称.

(3) 隶属度函数需避免不恰当的重复.

在相同的论域上使用的具有语义顺序的若干模糊集合, 应当尽量排序.

(4) 论域中的每个点必须至少属于一个隶属度函数的区域, 同时, 至多应当不超过两个隶属度函数的区域.

(5) 对于同一输入, 应当避免两个隶属度函数同时取到最大隶属度, 同时, 当两个隶属度函数有重叠时, 重叠部分对于两个隶属度函数的最大隶属度不应该有交叉.

下面通过考虑一个集合及其表示, 以得出一些结论.

若模糊集 G 表示 "最接近于 0 的数", 对于元素 x, $x \in R$, 其隶属度函数可

以表示为

$$\mu_G = \exp(-x^2) \tag{2.3.1}$$

这是一个均值为 0, 方差为 1 的高斯函数, 如图 2.7 所示, 根据隶属度函数可知, $x = 0$ 和 3 时的隶属度值分别为 $\mu_G(0) = 1$, $\mu_G(3) = e^{-9} = 0.00012$.

此外, 也可以将模糊集 "最接近于 0 的数" 的模糊隶属度函数表示为

$$\mu_{Tr} = \begin{cases} x + 1, & -1 \leqslant x < 0 \\ 1 - x, & 0 \leqslant x \leqslant 1 \\ 0, & \text{其他} \end{cases} \tag{2.3.2}$$

这是一个三角函数, 如图 2.8 所示, 可知, 当 $x = 0$ 和 3 时的隶属度值分别为 $\mu_{Tr}(0) = 1$, $\mu_{Tr}(3) = 0$.

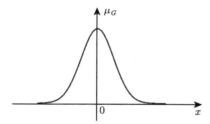

图 2.7 "最接近于 0 的数" 模糊隶属度函数

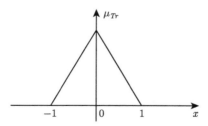

图 2.8 "最接近于 0 的数" 模糊隶属度函数其他图示

可见, 还可以采用其他多种隶属度函数来表示模糊集合 "最接近于 0 的数", 由此可得以下结论:

(1) 对于同一个模糊集合, 可以采用不同的模糊隶属度函数表示;

(2) 采用不同的模糊隶属度函数表示同一个模糊集合时, 其集合元素的模糊隶属度值可以不同, 这显示了模糊系统充分体现出不同个体考察对象系统时的差异性, 也就是经验知识的个体差异;

(3) 扩展式 (2.3.1) 和式 (2.3.2), 可以在更广泛的定义域上获得高斯隶属度函数与三角隶属度函数的表达方式.

对于模糊系统中最常用的模糊隶属度函数——高斯模糊隶属度函数, 可得

$$\mu(x) = \exp\left(-\frac{1}{2}\left(\frac{x-c}{\sigma}\right)^2\right) \tag{2.3.3}$$

式中, c 为中心值, σ 为均方差, 参数 c, σ 可唯一确定一个高斯隶属度函数. 对于图 2.5 中模糊子集 "青年/中年" 高斯隶属度函数, 两个模糊隶属度函数的中心值 c_Y, c_M 分别为 25 和 45.

另一类则为三角模糊隶属度函数

$$\mu(x) = \begin{cases} \max\left\{0, 1+\dfrac{x-c}{1/2w}\right\}, & x \leqslant c \\[3mm] \max\left\{0, 1+\dfrac{c-x}{1/2w}\right\}, & \text{其他} \end{cases} \tag{2.3.4}$$

式中, c 为中心值, w 为中心至端点的宽度值, 参数 c, w 可唯一确定一个三角隶属度函数, 三角隶属度函数图形如图 2.9 所示. 可以明显地看出, 对于图 2.8 所示三角隶属度函数, $c_{Tr} = 0$, $w_{Tr} = 1$.

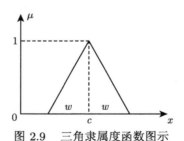

图 2.9　三角隶属度函数图示

表 2.1 列出了三角隶属度函数的数学表达式. 在表 2.1 中, c^L, μ^L 为下降沿的饱和点及取值点, w^L 为斜坡的底宽, 类似地, μ^R 为上升沿侧参量. μ^C 为三角函数的中心点, w 为其宽度, 如图 2.10 所示.

需要特别指出的是, 模糊隶属度函数与概率完全不同, 前者是指一个事物属于某一个集合的程度, 后者指的是某一事件发生的可能性, 因而模糊隶属度函数不是概率密度函数, 不特指随机事件和行为的量化, 只是一种语言描述.

表 2.1　三角隶属度函数的数学特征

$$\mu^L(x) = \begin{cases} 1, & x \leqslant c^L \\ \max\left\{0, 1 + \dfrac{c^L - x}{1/2w^L}\right\}, & 其他 \end{cases}$$

$$\mu^C(x) = \begin{cases} \max\left\{0, 1 + \dfrac{x - c}{1/2w}\right\}, & x \leqslant c \\ \max\left\{0, 1 + \dfrac{c - x}{1/2w}\right\}, & 其他 \end{cases}$$

$$\mu^R(x) = \begin{cases} \max\left\{0, 1 + \dfrac{x - c^R}{1/2w^R}\right\}, & x \leqslant c^R \\ 1, & 其他 \end{cases}$$

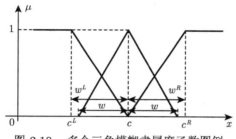

图 2.10　多个三角模糊隶属度函数图例

2.3.3　模糊集合的扩展原理

设 X, Y 为两个论域, 映射 $f : X \to Y$, 由 f 可以诱导出 $\mathcal{F}(X)$ 到 $\mathcal{F}(Y)$ 的映射

$$f : \mathcal{F}(X) \to \mathcal{F}(Y)$$

$$\tilde{A} \to f(\tilde{A})$$

$$f^{-1} : \mathcal{F}(Y) \to \mathcal{F}(X)$$

$$\tilde{B} \to f^{-1}(\tilde{B}) \tag{2.3.5}$$

称 $f(\tilde{A})$ 为 $\tilde{A}$ 的象, 称 $f^{-1}(\tilde{B})$ 为 $\tilde{B}$ 的原象, 图 2.11 给出了模糊映射的象与原象的图示.

若 f 是一个一一映射, 定义 $\tilde{B}$ 的隶属度函数为

$$\mu_{\tilde{B}}(y) = \mu_{\tilde{A}}[f^{-1}(y)] \tag{2.3.6}$$

若 f 不是一一映射, 即当 $\tilde{A}$ 中两个以上的点映射到 $\tilde{B}$ 中的同一点时, 为了解

决隶属程度上的模糊性, 取隶属度较大的值赋予 $\mu_{\tilde{B}}(y)$, 其隶属度函数为

$$\mu_{f(\tilde{A})}(y) = \bigvee_{y=f(x)} \mu_{\tilde{A}}(x), \quad \forall y \in Y \tag{2.3.7}$$

扩展的反向模糊映射隶属度函数为

$$\mu_{f^{-1}(\tilde{B})}(x) = \mu_{\tilde{B}}(f(x)) \tag{2.3.8}$$

即 $\tilde{B}$ 的原象 $f^{-1}(\tilde{B})$.

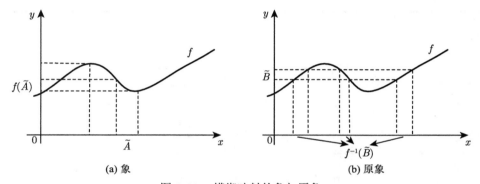

(a) 象   (b) 原象

图 2.11   模糊映射的象与原象

当 f^{-1} 为非一一映射, 即当 $\tilde{B}$ 中两个以上的点映射到 Y 中的同一点时, 依照扩展原理, 应选取较大隶属度对应的值.

例 2   设 $X = \{x_1, x_2, x_3, x_4, x_5, x_6\}, Y = \{y_1, y_2, y_3, y_4\}$,

$$f : X \to Y$$

$$f(x_4) = y_1$$

$$f(x_2) = f(x_3) = f(x_5) = y_2$$

$$f(x_1) = f(x_6) = y_3$$

如图 2.12, 可诱导出, $f^{-1} : Y \to X$

$$f^{-1}(y_1) = \{x_4\}$$

$$f^{-1}(y_2) = \{x_2, x_3, x_5\}$$

$$f^{-1}(y_3) = \{x_1, x_6\}$$

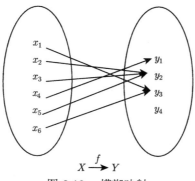

图 2.12 模糊映射

若 $\tilde{A} = \dfrac{0.3}{x_1} + \dfrac{0.7}{x_2} + \dfrac{1}{x_3} + \dfrac{0}{x_4} + \dfrac{0.2}{x_5} + \dfrac{0.8}{x_6}$, 可得

$$\mu_{f(\tilde{A})}(y_1) = \bigvee_{x \in \{x_4\}} (\mu_{\tilde{A}}(x)) = \mu_{\tilde{A}}(x_4) = 0$$

$$\mu_{f(\tilde{A})}(y_2) = \bigvee_{x \in \{x_2, x_3, x_5\}} (\mu_{\tilde{A}}(x)) = \mu_{\tilde{A}}(x_2) \vee \mu_{\tilde{A}}(x_3) \vee \mu_{\tilde{A}}(x_5) = 1$$

$$\mu_{f(\tilde{A})}(y_3) = \bigvee_{x \in \{x_1, x_6\}} (\mu_{\tilde{A}}(x)) = \mu_{\tilde{A}}(x_1) \vee \mu_{\tilde{A}}(x_6) = 0.8$$

$$\mu_{f(\tilde{A})}(y_4) = 0$$

有

$$f(\tilde{A}) = \frac{1}{y_2} + \frac{0.8}{y_3}$$

可见, 当 X 为有限论域时, 根据扩展原理可计算出 Y 上各点对 $f(\tilde{A})$ 的隶属度, 然后根据模糊集的方式列出 $f(\tilde{A})$, $f(\tilde{A})$ 是 $\tilde{A}$ 的象, 如图 2.13(a).

类似地, 可求原象 $f^{-1}(\tilde{B})$, 根据扩展原理, $\mu_{f^{-1}(\tilde{B})}(x) = \mu_{\tilde{B}}(y)$, 可得

$$\mu_{f^{-1}(\tilde{B})}(x_1) = \mu_{\tilde{B}}(y_3) = 0.8$$

$$\mu_{f^{-1}(\tilde{B})}(x_2) = \mu_{\tilde{B}}(y_2) = 1$$

$$\mu_{f^{-1}(\tilde{B})}(x_3) = \mu_{\tilde{B}}(y_2) = 1$$

$$\mu_{f^{-1}(\tilde{B})}(x_4) = \mu_{\tilde{B}}(y_1) = 0$$

$$\mu_{f^{-1}(\tilde{B})}(x_5) = \mu_{\tilde{B}}(y_2) = 1$$

$$\mu_{f^{-1}(\tilde{B})}(x_6) = \mu_{\tilde{B}}(y_3) = 0.8$$

因而有

$$f^{-1}(\tilde{B}) = \frac{0.8}{x_1} + \frac{1}{x_2} + \frac{1}{x_3} + \frac{0}{x_4} + \frac{1}{x_5} + \frac{0.8}{x_6}$$

$\tilde{B}$ 的原象 $f^{-1}(\tilde{B})$ 如图 2.13(b).

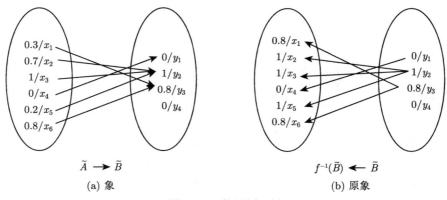

$$\tilde{A} \longrightarrow \tilde{B}$$
(a) 象

$$f^{-1}(\tilde{B}) \longleftarrow \tilde{B}$$
(b) 原象

图 2.13　扩展原理例

　　以上介绍的仅仅是扩展原理的一小部分, 目的只是为了让读者通过这些例子来深入理解扩展原理的应用思想 (杨子胥, 2011).

　　模糊集合的扩展原理对模糊运算给出了一种赋予隶属度的方法, 对于将经典数学工具应用于模糊环境中提供了转换的方法, 这为基于模糊的规则推理建立了规则选取的原则 (Zadeh, 1975), 当对应于某一结论的前提条件不止一条时, 按照扩展原理可选择具有最大隶属度的规则, 从而简化规则库加速推理进程 (Passino, 1998; Ortega et al., 2001).

2.4　模 糊 关 系

2.4.1　模糊关系的定义

　　与模糊子集是经典集合的推广一样, 模糊关系是经典关系的推广. 为此, 先回顾一下经典关系 (普通关系).

　　给定论域 X, Y, 由全体 (x, y) $(x \in X, y \in Y)$ 组成的集合称为 X 与 Y 的 Cartesian 积 (也称为直积), 记作

$$X \times Y = \{(x, y) | x \in X, y \in Y\}$$

一个 X 到 Y 的经典关系 R 可以看作直积 $X \times Y$ 的子集, R 称为 X 到 Y 的二元关系, 简称经典关系

$$R \subseteq X \times Y$$

其特征函数可写作

$$\chi_R(x,\ y) = \begin{cases} 1, & (x,\ y) \in R \\ 0, & (x,\ y) \notin R \end{cases} \tag{2.4.1}$$

对于模糊关系, 可通过给定论域 X, Y, 用一个 $X \times Y$ 的模糊子集 $\tilde{R}$ 来规定. 称 $X \times Y$ 的一个模糊子集 $\tilde{R}$ 确定了一个 X 到 Y 的模糊关系, 其序偶 (x,y) 的隶属度为 $\mu_{\tilde{R}}(x,y)$, $\mu_{\tilde{R}}$ 在实轴闭区间 $[0,1]$ 上取值, 其大小反映了 (x,y) 具有关系 $\tilde{R}$ 的程度.

例 3　设 $X = \{$Los Angeles (LA), Hong Kong (HK), Tokyo$\}$, $Y = \{$Boston, Hong Kong$\}$, 确定两个城市 "非常远" 这一关系.

若以 0 和 1 来表示非常远的程度, 则两城市之间的经典关系可表示为

$$R = \begin{matrix} & \begin{matrix} \text{Boston} & \text{Hong Kong} \end{matrix} \\ \begin{matrix} \text{Los Angeles} \\ \text{Hong Kong} \\ \text{Tokyo} \end{matrix} & \left\{ \begin{matrix} 0 & 1 \\ 1 & 0 \\ 1 & 0 \end{matrix} \right\} \end{matrix}$$

其中, $\tilde{R}$ (LA, HK) = 1, $\tilde{R}$ (LA, Boston) = 0, 如图 2.14 所示, 1 表示了两个城市 LA 与 HK 之间的距离完全符合 "非常远", 0 表示 LA 与 Boston 完全不符合 "非常远". 此外, 由常识可知, LA 与 HK 之间的距离, 与 HK 与 Boston 之间的距离, 后者符合 "非常远" 的程度更大, 但是, 均被赋予 "1", 同时, LA 与 Boston 之间的距离, 与 Tokyo 与 HK 之间的距离, 虽均赋值为 "0", 但是距离并不相同. 因此, 经典关系在划分 "非常远" 的城市距离关系时, 尚未刻画符合的程度.

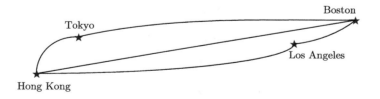

图 2.14　城市之间 "非常远" 模糊关系示意图

如以 $[0,1]$ 上的一个数来表示 "非常远" 的程度, 则两城市之间的模糊关系可表示为

$$
\begin{array}{c c}
 & \text{Boston} \quad \text{Hong Kong} \\
\begin{array}{c} \text{Los Angeles} \\ \tilde{R} = \text{Hong Kong} \\ \text{Tokyo} \end{array} \left\{ \begin{array}{cc} 0.30 & 0.90 \\ 1.00 & 0.00 \\ 0.95 & 0.20 \end{array} \right\}
\end{array}
$$

其中, $\tilde{R}\,(\text{LA, HK}) = 0.90$, $\tilde{R}\,(\text{LA, Boston}) = 0.30$, 这里, 对于条件 "非常远", LA 与 HK 之间的距离, 较 HK 与 Boston 之间的距离 $(\tilde{R}\,(\text{HK, Boston}) = 1)$ 的符合程度更低, 可见, 采用模糊关系将使得表达更趋于合理. 类似地, LA 与 Boston 之间的距离, 与 Tokyo 与 HK 之间的距离 $(\tilde{R}(\text{Tokyo, HK}) = 0.2)$ 相比, 对于条件 "非常远" 的符合程度稍有不同, 通过不同隶属度值也进行了更加合理的刻画.

对于有限论域 $X = \{x_1, x_2, \cdots, x_m\}$, $Y = \{y_1, y_2, \cdots, y_n\}$, X 到 Y 的模糊关系 $\tilde{R}$ 可用 $m \times n$ 模糊矩阵表示, 即

$$
\tilde{R} = (r_{ij})_{m \times n} = \begin{bmatrix} r_{11} & r_{12} & \cdots & r_{1n} \\ r_{21} & r_{22} & \cdots & r_{2n} \\ \vdots & \vdots & & \vdots \\ r_{m1} & r_{m2} & \cdots & r_{mn} \end{bmatrix} \tag{2.4.2}
$$

其中, $r_{ij} = \tilde{R}(x_i, y_j) \in [0,1]$, 表示 (x_i, y_j) 具有模糊关系 $\tilde{R}$ 的程度.

由于模糊关系 $\tilde{R}$ 为直积 $X \times Y$ 的一个模糊子集, 因此模糊关系同样具有模糊子集的运算及性质, 如

$$
A \subseteq B \Leftrightarrow A(x) \leqslant B(x)
$$

$$
A = B \Leftrightarrow A(x) = B(x)
$$

$$
A = \varnothing \Leftrightarrow A(x) = 0, \ \forall x \in X
$$

$$
A = X \Leftrightarrow A(x) = 1, \ \forall x \in X
$$

$$
(A \cup B)(x) = \max\{A(x), B(x)\} = A(x) \vee B(x) = (a_{ij} \vee b_{ij})_{m \times n}
$$

$$
(A \cap B)(x) = \min\{A(x), B(x)\} = A(x) \wedge B(x) = (a_{ij} \wedge b_{ij})_{m \times n}
$$

$$
A^c(x) = 1 - A(x) = (1 - a_{ij})_{m \times n}
$$

除上述模糊关系运算外, 在模糊系统理论的发展过程中, 由于模糊控制的应用与设计, 模糊集合定义了另一种运算——模糊关系的合成.

2.4.2 模糊关系的合成

模糊关系的合成运算是模糊决策、模糊推理及模糊控制的基础工具.

设 Q 是 $X \times Y$ 中的模糊关系, R 是 $Y \times Z$ 中的模糊关系, 则 Q 到 R 的合成 S 是定义在 $X \times Z$ 上的模糊关系, 记为

$$S = Q \circ R \tag{2.4.3}$$

其隶属度函数为

$$\mu_{Q \circ R}(x, z) = \vee \{ \mu_Q(x, y) \wedge \mu_R(y, z) \}$$

当 X, Y, Z 的论域均有限时, 模糊关系的合成可用模糊矩阵的合成表示. 设 $X = \{x_1, x_2, \cdots, x_m\}$, $Y = \{y_1, y_2, \cdots, y_n\}$, $Z = \{z_1, z_2, \cdots, z_l\}$ 为有限论域, 且 $Q = (q_{ij})_{m \times n}$, $R = (r_{jk})_{n \times l}$, $S = (s_{ik})_{m \times l}$, 则模糊矩阵的合成 $S = Q \circ R$, 有

$$s_{ik} = \bigvee_{j=1}^{n} (q_{ij} \wedge r_{jk}), \quad 1 \leqslant i \leqslant m, \quad 1 \leqslant k \leqslant l \tag{2.4.4}$$

例 4 设有模糊关系

$$Q = \begin{bmatrix} 1 & 0.8 \\ 0.7 & 0 \\ 0.5 & 0.5 \\ 0.4 & 0.2 \end{bmatrix}, \quad R = \begin{bmatrix} 1 & 0.6 & 0 \\ 0.4 & 0.7 & 1 \end{bmatrix},$$

求 Q 到 R 的模糊关系矩阵.

由题意可求得

$$Q \circ R = \begin{bmatrix} 1 & 0.8 \\ 0.7 & 0 \\ 0.5 & 0.5 \\ 0.4 & 0.2 \end{bmatrix} \circ \begin{bmatrix} 1 & 0.6 & 0 \\ 0.4 & 0.7 & 1 \end{bmatrix}$$

$$= \begin{bmatrix} (1 \wedge 1) \vee (0.8 \wedge 0.4) & (1 \wedge 0.6) \vee (0.8 \wedge 0.7) & (1 \wedge 0) \vee (0.8 \wedge 1) \\ (0.7 \wedge 1) \vee (0 \wedge 0.4) & (0.7 \wedge 0.6) \vee (0 \wedge 0.7) & (0.7 \wedge 0) \vee (0 \wedge 1) \\ (0.5 \wedge 1) \vee (0.5 \wedge 0.4) & (0.5 \wedge 0.6) \vee (0.5 \wedge 0.7) & (0.5 \wedge 0) \vee (0.5 \wedge 1) \\ (0.4 \wedge 1) \vee (0.2 \wedge 0.4) & (0.4 \wedge 0.6) \vee (0.2 \wedge 0.7) & (0.4 \wedge 0) \vee (0.2 \wedge 1) \end{bmatrix}$$

$$= \begin{bmatrix} 1 \vee 0.4 & 0.6 \vee 0.7 & 0 \vee 0.8 \\ 0.7 \vee 0 & 0.6 \vee 0 & 0 \vee 0 \\ 0.5 \vee 0.4 & 0.5 \vee 0.5 & 0 \vee 0.5 \\ 0.4 \vee 0.2 & 0.4 \vee 0.2 & 0 \vee 0.2 \end{bmatrix}$$

$$= \begin{bmatrix} 1 & 0.7 & 0.8 \\ 0.7 & 0.6 & 0 \\ 0.5 & 0.5 & 0.5 \\ 0.4 & 0.4 & 0.2 \end{bmatrix}$$

2.4.3　模糊向量

向量表示法所得到的模糊集合称为模糊向量

$$a = [a_1, a_2, \cdots, a_n]$$

其中, $a_i \in [0, 1]$, $i = 1, 2, \cdots, n$.

模糊向量 $a = [a_1, a_2, \cdots, a_n]$ 表示论域 $X = \{x_1, x_2, \cdots, x_n\}$ 上的模糊集 A, 由模糊矩阵的概念, 亦可视作 $1 \times n$ 模糊矩阵表示的模糊集 A.

模糊向量有双重意义:

(1) 它表示有限论域 $X = \{x_1, x_2, \cdots, x_n\}$ 上的模糊子集 A, 其分量定义为

$$a_i = \mu_A(x_i)$$

(2) 它作为矩阵, 又代表一个模糊关系.

设 A 表达的模糊概念为 a, 定义从 $\{a\}$ 到 X 的一个模糊关系为 R^A:

$$\{a\} \xrightarrow{R^A} A$$

$$\mu_{R^A}(a, x_i) = \mu_{R^A}(x_i) = a_i$$

把 R^A 用矩阵形式写出来, 就是模糊向量 A, 可将 R^A 直接记成 A.

把论域 X 上的一个模糊集看作是从它的概念名称到 X 的一个模糊关系, 这一思想是十分有意义的, 也正是应用合成规则解决大量实际问题的基础.

由此, 模糊向量 A 和 B 的合成运算为模糊向量的直积

$$A \times B = A^{\mathrm{T}} \circ B$$

例 5　设模糊向量 $A = [0.8, 0.6, 0.2]$, $B = [0.2, 0.4, 0.7, 1]$, 则其直积为

$$A \times B = A^{\mathrm{T}} \circ B$$

$$= \begin{bmatrix} 0.8 \\ 0.6 \\ 0.2 \end{bmatrix} \circ [0.2, 0.4, 0.7, 1]$$

$$= \begin{bmatrix} 0.2 & 0.4 & 0.7 & 0.8 \\ 0.2 & 0.4 & 0.6 & 0.6 \\ 0.2 & 0.2 & 0.2 & 0.2 \end{bmatrix}$$

模糊关系合成运算为模糊控制系统创建了计算推导的条件, 在系统输入与输出之间具有模糊关系 R 的情况下, 当有控制变量时, 根据模糊关系 R 即可求出系统的控制输出. 换言之, 这一计算推导过程经由模糊变换完成.

2.5 模 糊 变 换

2.5.1 模糊变换及其表示

模糊变换是指给定两个集合之间的一个模糊关系, 由其中一个集合上的模糊子集得到另一个集合上的模糊子集的过程.

设 A 和 B 分别是模糊集 X 和 Y 中的模糊子集, 给定 $X \times Y$ 的模糊关系所对应的一个模糊矩阵 R 及模糊子集 A

$$R = (r_{ij})_{m \times n}$$

$$A = [x_1, x_2, \cdots, x_m]$$

模糊变换即为模糊子集 A 与模糊关系矩阵 R 的合成, 表示把 X 中的模糊集变为 Y 上的模糊集, 从而实现论域的转换

$$B = A \circ R \tag{2.5.1}$$

如果 R 表示某一控制系统的输入与输出之间的动态关系, 则由输入 A 可以得到对应的输出 B, 如图 2.15 模糊控制系统框图所示. 如果 R 表示某种逻辑因果关系, 则模糊变换就是一种模糊推理. 如果 R 表示对一件商品各要素综合评判的总关系矩阵, 则输入一组对各要素的权重分配 A, 就可以获得综合评判结果 B.

图 2.15 模糊控制系统框图

2.5.2　模糊综合决策

综合决策是在考虑多种因素的情况下对事物做出判断的过程, 用以支持人们做出某种决定的依据. 由于不同因素在决策者个体之间的影响程度不同, 所以决策方案的选择也不同. 设 $X = [x_1, x_2, \cdots, x_m]$ 为 m 种因素, $Y = [y_1, y_2, \cdots, y_n]$ 为 n 种决策方案, 每一种决策方案都包含了对全部因素 x_i $(i = 1, 2, \cdots, m)$ 的考察. 模糊综合决策则考虑了决策者对于方案影响要素的重要程度, 模糊综合方案可视作一个关系矩阵

$$R = (r_{ij})_{mn}$$

其中, $r_{ij}, \ i = 1, 2, \cdots, m, \ j = 1, 2, \cdots, n$ 为第 j 个方案中第 i 个决策因素.

由于不同因素在决策者个体之间的影响程度不同, X 的模糊子集

$$A = \{a_1, a_2, \cdots, a_m\} \in \mathcal{F}(X)$$

可视作各因素 x_i $(i = 1, 2, \cdots, m)$ 的影响程度, a_i $(i = 1, 2, \cdots, m)$ 表示第 i 个因素的影响程度. Y 的模糊子集

$$B = \{b_1, b_2, \cdots, b_n\} \in \mathcal{F}(Y)$$

b_j $(j = 1, 2, \cdots, n)$ 表示第 j 种方案在综合决策中的重要程度, 即 y_j 对模糊集 B 的隶属度.

当给定影响因素 A^k $(k = 1, 2, \cdots, l)$ 时, 由模糊变换完成相应的决策过程

$$B^k = A^k \circ R$$

式中, $B^k(k = 1, 2, \cdots, l)$ 为对应于 A^k 的一个决策方案.

2.6　本 章 小 结

模糊隶属度是模糊系统的核心, 也是模糊理论的基础. 在与经典集合相对比讨论的基础上, 本章介绍了模糊集合、模糊集合的表示、模糊隶属度、模糊隶属度函数等模糊数学基础, 并以模糊隶属度为出发点, 从模糊向量、模糊 Cartesian 积、模糊关系、模糊矩阵、模糊变换等概念、方法与计算, 整体性地给出了模糊系统分析与控制中涉及的主要相关内容.

本章只是提纲挈领地介绍了模糊数学相关的基础知识, 感兴趣的读者可以阅读相关方面的书籍和论文来了解更多相关知识.

思 考 题

2.1 请参考经典集合理论中的特征函数 χ_A 概念, 思考一下: 模糊集合对应的特征函数 $\mu_{\tilde{A}}$, 并且二者之间有什么不同, 这体现了模糊集合的什么特性?

2.2 参照集合论中有关论域、子集、交集、并集、补集等基本概念与运算, 试举例描述模糊集合的相应运算.

2.3 模糊集合有哪些表示方式, 请举例说明.

2.4 模糊集合 $A = \dfrac{0.5}{x_1} + \dfrac{0.6}{x_2} + \dfrac{0.8}{x_3} + \dfrac{0.1}{x_4} + \dfrac{0}{x_5}$ 表示了什么含义?

2.5 已知两输入单输出模糊条件句 "若 A 且 B 则 C", 且给定模糊集合 $A = [1, 0.4]$, $B = [0.1, 0.7, 1]$ 及 $C = [0.3, 0.5, 1]$, 试计算其模糊关系 R.

2.6 扩展映射可完成什么任务, 为什么说它为模糊变换建立了理论基础?

2.7 假设将推理合成规则视作如下关系的一种推广, 如图 2.16(a) 所示, 给定 $x = a$, 则由 $y = f(x)$ 可得出 $b = f(a)$, 也就是说, $f(a)$ 在 y 上的投影就是所求得的 b. 若将 a 扩充为一个区间 A, $f(x)$ 推广为一个区间 Q, 确定由 A 和区间曲线的交集及其在 V 上的投影, 就是所求的 B. 请根据图 2.16(b) 解释其输入、输出论域上的模糊推理过程.

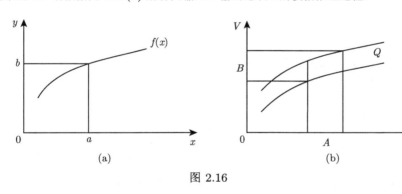

$$(a) \qquad\qquad (b)$$

图 2.16

参 考 文 献

罗承忠. 2009. 模糊集引论 (上册). 2 版. 北京: 北京师范大学出版社.

谢季坚, 刘承平. 2013. 模糊数学方法及其应用. 4 版. 武汉: 华中科技大学出版社.

杨子胥. 2011. 近世代数. 3 版. 北京: 高等教育出版社.

Islam M A, Anderson D T, Havens T C, et al. 2020. A generalized fuzzy extension principle and its application to information fusion. IEEE Trans. Fuzzy Systems, 29(9): 2726-2738.

Ortega N R S, de Barros L C, Massad E. 2001. A fuzzy epidemic model based on gradual rules and extension principle. Proc. Joint 9th IFSA World Congress and 20th NAFIPS Inter. Conf., Vancouver, Canada, 4: 2287-2288.

Passino K M, Yurkovich S. 1998. Fuzzy Control. Reading, MA: Addison-Wesley.

Zadeh L A. 1975. The concept of a linguistic variable and its application to approximate reasoning-I. Information Sciences, 8(3): 199-249.

第 3 章 模糊逻辑与模糊推理

用数学的形式研究关于推理、证明等问题的方法, 称作数理逻辑, 也称作符号逻辑, 数理逻辑的研究对象是对证明及计算这两个直观概念进行符号化后的形式系统. 数理逻辑既是数学的一个分支, 也是逻辑学的分支. 简而言之, 数理逻辑是精确化、数学化的形式逻辑, 因而也是现代计算机技术的基础.

本章依循经典数理逻辑的基本概念, 介绍模糊逻辑与模糊命题等基本知识, 并从模糊语言变量入手, 以 If-Then 条件陈述为线索, 给出模糊逻辑与模糊推理等相关内容.

3.1 模 糊 逻 辑

逻辑是研究推理和论证的, 它撇开推理和论证的具体内容, 而专门研究其前提和结论之间的形式结构关系.

3.1.1 命题与谓词

这里先简单介绍一下数理逻辑中关于命题与谓词及其逻辑演算, 作为模糊逻辑的预备知识.

在各种逻辑中, 最常见也最简单的是命题逻辑 (Propositional Logic). 能够判断真假的陈述句称为命题 (Proposition). 一个陈述句若判断为真, 通常用 "1" 表示, 否则为假, 用 "0" 表示, 也就是说, 只有真命题和假命题. 例如

(1) 两点之间直线最短.

(2) 雨是白色的.

其中, (1) 为真命题, 其真值 $p = 1$, (2) 为假命题, 其真值 $p = 0$.

在具体演算过程中, 命题逻辑只需要考虑与 ($\wedge$)、或 ($\vee$)、非 ($\neg$) 三种操作, 以及 1, 0 两种变量取值, 命题逻辑的表达能力较弱, 即使是 "不是所有的蘑菇都能吃" 这样的知识都无法表达.

谓词逻辑中引入的量词和谓词, 增强了表达能力. 量词可以表达变元, 也就是变量, 例如, "x 是白色的", 如果 x 是云朵, 则为真, 如果 x 为煤炭, 则为假. 量词有 "存在 ($\exists$)" 和 "任意 ($\forall$)" 两种, 谓词则是一个函数, 以定义域中的实体为输入, 以 1, 0 作为输出. 例如, 可以用 $\forall x$ 表示 "任意一种蘑菇", 用谓词 $Q(x)$ 表示 "x

是一种蘑菇", 用谓词 $S(x)$ 表示 "x 能吃", "不是所有的蘑菇都能吃" 可以表示为 $\neg(\forall x(Q(x) \to S(x)))$(陈云霁等, 2020).

3.1.2 逻辑演算

设 A, B 是命题, 命题集合 U 中的演算规则如

(1) 与 ($\wedge$): $(A, B) \mapsto A \wedge B$.

(2) 或 ($\vee$): $(A, B) \mapsto A \vee B$.

(3) 非 ($\neg$): $A \mapsto \neg A$.

(4) 蕴涵 ($\to$): $(A, B) \mapsto A \to B$, 读作 "若 A 则 B".

$(U, \wedge, \vee, \neg)$ 构成一个布尔代数, 其中, U 为一个非空集合, $\wedge, \vee$ 为定义在 U 上的两个二元运算, $\neg$ 为定义在 U 上的一个一元运算.

类似于命题逻辑演算, 可以规定谓词的逻辑演算 ($\wedge, \vee, \neg, \to$)(Huth and Ryan, 2004), 此处从略.

3.1.3 模糊命题与模糊谓词

含有模糊概念或带有模糊特征的陈述句, 称为模糊命题. 例如

(1) 这个放大器的零点漂移太严重.

(2) 电动机的转速偏高.

(3) 此处电平太低.

模糊命题的一般形式如

$$\tilde{P}: x \text{ is } \tilde{A}$$
$$\tilde{Q}: y \text{ is } \tilde{B}$$

模糊命题 $\tilde{P}$ 的真值记作 $\tilde{p}$

$$\tilde{p} = \mu_{\tilde{p}} \tag{3.1.1}$$

其中, $0 \leqslant \mu_{\tilde{p}} \leqslant 1$, 有

$$\tilde{P} \begin{cases} \text{完全真}, & \mu_{\tilde{p}} = 1 \\ \text{完全假}, & \mu_{\tilde{p}} = 0 \\ \text{真的程度}, & 0 < \mu_{\tilde{p}} < 1 \end{cases}$$

类似地, 可以考虑模糊谓词, 如

(4) $\tilde{Q}(x)$ 表示 x 很高.

(5) $\tilde{R}(x, y)$ 表示 x 与 y 很近.

其中, (4) 为一元模糊谓词, 模糊谓词 $\tilde{Q}(x)$ 可用模糊集 $\tilde{Q}$ 表示, x 对 $\tilde{Q}$ 的隶属度 $\mu_{\tilde{Q}}(x) = \tilde{p}(\tilde{Q}(x))$; (5) 为二元模糊谓词, 可用模糊关系 $\tilde{R}$ 表示, (x, y) 对 $\tilde{R}$ 的隶属度 $\mu_{\tilde{R}}(x) = \tilde{p}(\tilde{R}(x, y))$.

3.1.4　模糊逻辑演算

经典数理逻辑与经典集合论有着密切的关系, 如果把命题看作一个集合, 那么命题逻辑演算 $\wedge, \vee, \neg$ 可以看作集合运算 $\cap, \cup, \complement$. 同样地, 如果把模糊命题看作模糊集合, 那么模糊命题的逻辑演算 $\wedge$(合取)、$\vee$(析取)、$\neg$(非)、$\rightarrow$(蕴涵) 可以看作模糊集合运算 $\cap, \cup, \complement, \rightarrow$.

设 $\tilde{Q}, \tilde{S}$ 为模糊命题, $\tilde{A}, \tilde{B}$ 是其对应的 U 上的模糊子集, 模糊逻辑演算规则如

(1) 合取 ($\wedge$): $\tilde{Q} \wedge \tilde{S} : \mu_{\tilde{A}}(x) \wedge \mu_{\tilde{B}}(y) = \min\{\mu_{\tilde{A}}(x), \mu_{\tilde{B}}(y)\}$.

(2) 析取 ($\vee$): $\tilde{Q} \vee \tilde{S} : \mu_{\tilde{A}}(x) \vee \mu_{\tilde{B}}(y) = \max\{\mu_{\tilde{A}}(x), \mu_{\tilde{B}}(y)\}$.

(3) 非 ($\neg$): $\neg\tilde{Q} : 1 - \mu_{\tilde{A}}(x)$.

(4) 蕴涵 ($\rightarrow$): $\tilde{Q} \rightarrow \tilde{S} : \mu_{\tilde{A}}(x) \rightarrow \mu_{\tilde{B}}(y) = (\mu_{\tilde{A}}(x) \wedge \mu_{\tilde{B}}(y)) \vee (\neg\mu_{\tilde{A}}(x))$,

　　　　且 $(\mu_{\tilde{A}}(x) \wedge \mu_{\tilde{B}}(y)) \vee (\neg\mu_{\tilde{A}}(x)) = (\mu_{\tilde{A}}(x) \wedge \mu_{\tilde{B}}(y)) \vee (1 - \mu_{\tilde{A}}(x))$.

(5) 代数积 ($\cdot$): $\mu_{\tilde{A}}(x) \cdot \mu_{\tilde{B}}(y) = \mu_{\tilde{A}}(x) \times \mu_{\tilde{B}}(y)$,

其中, $\wedge$ 是取最小运算, $\vee$ 是取最大运算, $\neg\tilde{A}$ 为 $\tilde{A}$ 的非, $\cdot$ 表示普通乘法.

需要说明的是, 经过 40 多年的发展, 在模糊系统产生和不断发展的进程中, 模糊数理逻辑的基础也在相应地建立, 在此期间, 表示模糊数学的符号并无一个统一的格式, 细微的差异是因诸多相关领域学者在数学符号使用上的习惯而产生的. 例如, 对于模糊逻辑演算的陈述, 有的采用了合取、析取、非的方式, 有的仍沿用了与、或、非的方式, 有的则称之为与、或、逆, 但是, 其数理意义是相同的, 演算方法和结果也是相同的. 读者若在文献查找阅读过程中遇到各种不同的表达方式, 可不拘泥于唯一的格式, 而应尽取其本质含义.

3.2　模糊语言变量

以语言变量描述系统的方式, 与传统数字变量不同, 且变量之间的关系以模糊条件陈述为特点, 这为以往因考察对象过于复杂或定义不明确, 无法对系统行为进行精确数学分析等问题, 提供了一种近似而有效的方法.

3.2.1　模糊语言变量要素

如果一个变量能够取普通语言中的词语为值, 称该变量为语言变量. 在模糊系统中, 词语由定义在论域上的模糊集合来描述, 变量也是定义在论域上的. 例如, 汽车速度是一个变量 x, 取值范围为 $[0, v_{\max}]$, $v_{\max}$ 是汽车的最快速度, 定义三个模糊集合: 慢速、中速、快速. 如果 x 是语言变量, 那么它可以取慢速、中速、快速三个值.

语言变量的取值称为语言值, 语言值可以用模糊集合表示, 即模糊语言值. 例如, 在论域 $X = \{1, 2, \cdots, 10\}$ 上定义语言变量 "偏差", 其模糊语言值 "大" "小" 为

$$[大] = \frac{0.2}{4} + \frac{0.4}{5} + \frac{0.6}{6} + \frac{0.8}{7} + \frac{1}{8} + \frac{1}{9} + \frac{1}{10}$$

$$[小] = \frac{1}{1} + \frac{1}{2} + \frac{1}{3} + \frac{0.8}{4} + \frac{0.6}{5} + \frac{0.4}{6} + \frac{0.2}{7}$$

3.2.2 语气算子

自然语言中能够表达完整概念的最小单位称为单词, 也称原子词. 例如, "花" "草" "冷" "高" "书籍" 等. 原子词能够传递的信息内容十分有限, 因此经常需要使用合成词. 原子词通过加入 "非常" "很" "稍微" 等程度词, 或者使用 "且" "或" "非" 等连接词的方式来增强词义, 构成合成词.

模糊语言更关注对事物属性性质的某种程度的描述, 因而其原子词常常为表示某一属性或状态的单词, 例如, "近" "大" "暗" 等.

一般来说, 一个模糊语言值包括以下三部分:

(1) 原子词. 例如, "慢" "快" "冷" "热" ······.

(2) 连接词. 例如, "且" "或" "非" ······.

(3) 语气算子. 例如, "非常" "很" "略" ······.

其中, 语气算子可按

$$H_\lambda \tilde{A} \equiv [\tilde{A}(x)]^\lambda \tag{3.2.1}$$

计算, 其中, $\tilde{A}(x)$ 为论域 X 上的模糊子集, 描述了一个原子词, H_λ 为语气算子, λ 为正实数.

若语言值 $\tilde{A}$ 是 X 上的模糊集合, 表示了一个原子词, 则语言值 "很 $\tilde{A}$" 也是 X 上的一个模糊集合, 可以用隶属度函数来表示

$$\mu_{很\tilde{A}} = [\mu_{\tilde{A}}(x)]^2 \tag{3.2.2}$$

其中, 对于程度词 "很" 的语气算子 H_λ, $\lambda = 2$.

语言值 "略 $\tilde{A}$" 也是 X 上的一个模糊集合, 其隶属度函数可表示为

$$\mu_{略\tilde{A}} = [\mu_{\tilde{A}}(x)]^{1/2} \tag{3.2.3}$$

其中, 对于程度词 "略" 的语气算子 H_λ, $\lambda = 1/2$.

例 1 令 $X = \{1, 2, 3, 4, 5\}$, 语言值 "小" 定义为如下模糊集合

$$[小] = \frac{1}{1} + \frac{0.8}{2} + \frac{0.6}{3} + \frac{0.4}{4} + \frac{0.2}{5}$$

则由上述定义可得

$$[很小] = \frac{1}{1} + \frac{0.64}{2} + \frac{0.36}{3} + \frac{0.16}{4} + \frac{0.04}{5}$$

$$[略小] = \frac{1}{1} + \frac{0.89}{2} + \frac{0.77}{3} + \frac{0.63}{4} + \frac{0.45}{5}$$

可以看出, 对于 "小" 的程度, 当元素为 2 时, 属于 "很小" 子集的隶属度为 0.64, 而属于 "略小" 的隶属度为 0.89, 因此, "很小" 所表示的 "小" 的程度, 比 "略小" 表示 "小" 的程度更 "小".

语气算子提供了更灵活的表示模糊词义及相应计算的方式, 使得模糊语言变量的词义表达更丰富, 还可以定义其他数值的 λ, 考察并运用语气算子对词语程度表达的影响.

3.2.3　模糊语言变量结构

一个模糊语言变量是一个五元组

$$(X, T(X), U, G, M)$$

其中,

(1) X: 语言变量的名称;

(2) $T(X)$: 模糊语言变量的语言值集合, 其中每个元素是一个模糊变量;

(3) U: 论域;

(4) G: 语法规则, 用以规定模糊子集 $T(X)$ 的名称;

(5) M: 词义规则, 用以规定 U 上的 $M(X)$, $M(X)$ 是 U 一个模糊子集.

语言变量是普通语言中的词语, X: 年龄可由定义在论域 U: [0, 130] 上的模糊集合 $T(X)$ 来描述. 语法规则 G 确定如何选择原子词以及根据原子词生成合成词, 以来构成模糊语言值集合, 例如, 语法规则确定了这些模糊集合的名称——"很年轻"、"年轻"、"年老" 和 "很老". 词义规则 M 将模糊语言值 $M(X)$ 与论域上的区分一一对应起来, 如图 3.1 所示.

词义反映了人们对一个词所称呼的事物、现象、关系的概括性认识, 人们交流中所使用的词义通常是约定俗成的, 均指词语的含义. 但是, 由于词汇引申义、比喻义的存在, 以及词汇的应用场景、词汇与其他知识的关联、词汇使用者个体等因素, 一个词语通常具有多个含义 (邱雪玫和李葆嘉, 2016). 因此, 在给定的语言情景下, 选择给定词语的含义, 不同的使用者可能给出不同的结果. 例如, 对于 "年轻"、"年老" 和 "青年"、"中年" 等模糊语言值, 从图 2.3 和图 2.5 中可以看出, 对于年龄这一语言变量, 在不同词义规则作用下其表达是不同的.

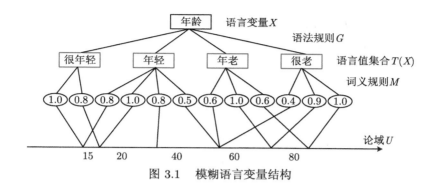

图 3.1 模糊语言变量结构

相对来说, 语法规则较为简洁, 就是人们说话时必须遵守的习惯. 语法规则是客观存在的, 而不是语言学家规定的. 语言学家只是对其进行归纳、整理, 并选择恰当的方式把它们描写出来. 因此, 语法规则 G 确定了如何根据语言值即原子词, 生成合成词, 以构成模糊语言值集合.

在模糊语言变量结构中, 词义规则及其确定的以隶属度为特征的模糊语言值, 既体现了设计者的认知, 也反映了智能的本质——个体及其差异.

3.3 If-Then 模糊条件推理

数理逻辑的主要任务是用数学的方法来研究推理. 任何一个推理都是由前提和结论两部分组成的, 前提是推理所依据的已知条件, 结论则是从前提条件出发应用推理规则推出的新判断. 一般规则推理的过程是, 以已有例证与结论总结出相关规则, 当有一个实例时, 根据其满足的条件及规则库即可推理得出相应的结论.

在数理逻辑中, If-Then 条件推理也可视作演绎推理中的假言推理, 形如 If "满足前提条件"-Then "得出推理结论", 因而非常简洁易用.

在计算机程序语言中, 循环条件常常表达为 If-Then 形式. 在人工智能领域, 基于规则的推理以专家系统较为常见.

3.3.1 经验知识的语言描述

假若一名儿童能够描述如何更好地对图 1.3 所示倒立摆进行控制的话, 那么就可以将这种语言描述置于控制器中, 形成经验控制倒立摆框图, 如图 3.2 所示.

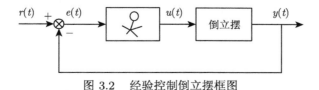

图 3.2 经验控制倒立摆框图

对经验知识的语言描述是一种语言变量的方式. 对倒立摆而言, 这些语言变量包括随时间变化的控制输入 $e(t)$ 与控制量 $u(t)$, 即

$$e(t)：误差$$

$$\frac{d}{dt}e(t)：误差的变化$$

$$u(t)：控制量$$

若以倒立摆的垂直位置 (90°) 为平衡点位置, 顺时针方向为正方向, 其语言变量值可取为

$$"负大"$$

$$"负小"$$

$$"零"$$

$$"正小"$$

$$"正大"$$

也可以将其论域经归一化后表示在范围 $[-2, 2]$ 上, 由词义规则, 可表示为

$$"-2"："负大"$$

$$"-1"："负小"$$

$$"0"："零"$$

$$"1"："正小"$$

$$"2"："正大"$$

可见, 无论是语言值的描述方式, 还是经词义规则转换后在论域上的描述方式, 尽管相当简单, 但准确地表达了人们所熟悉的数字控制变量曾表示的意义, 例如, "-1" 表示在论域上与其他变量相比, 其符号关系及所处位置的程度状况, 稍后将会看到, 这种 "语言数字值" 在模糊控制应用中是极为方便的.

以图 1.2 小车倒立摆为例, 其中, $r = 0, e = r - y$, 有

$$e = -y$$

且

$$\frac{d}{dt}e = -\frac{d}{dt}y$$

因 $\frac{d}{dt}r = 0$, 则不同状态下的摆杆运动可以描述如下:

(1) "误差是正大" 表示摆杆向左偏离垂直位置一个较大的角度;

(2) "误差是负小" 表示摆杆只是稍微向右偏离垂直位置, 但并不太靠近垂直位置, 不能视作 "零", 同时偏离幅度又不太大;

(3) "误差是零" 表示摆杆非常接近垂直位置, 与语言描述 "误差是负小" 或 "误差是正小" 更接近 $e(t) = 0$;

(4) "误差是正大且误差的变化是正小" 表示摆杆向左偏离, $\frac{d}{dt}y < 0$, 且沿逆时针运动, 正在远离直立位置;

(5) "误差是负小且误差的变化是正小" 表示摆杆稍微向右偏离, $\frac{d}{dt}y < 0$, 但摆杆向直立位置运动, 也就是说, 摆杆沿逆时针向直立位置运动.

这种将系统动态变化过程由语言描述的方式, 包含了丰富的人类经验知识, 表明已较好地了解了受控对象的动力学过程, 对于下一步控制律设计是非常重要的. 然而, 对于那些输入输出变量较多、负载和环境变化快的复杂系统, 并不总能够以经验知识的语言描述完全表达, 因此, 常常需借助其他方式获得对系统更多的探索, 例如, 系统辨识和参数估计等, 进而可更准确地建立系统对象模型.

3.3.2 模糊判断句

陈述句 "x 是 a" 称为判断句. 这里 a 是表示概念的一个词 (单词或词组), x 是变元, 可以是论域 X 中的任何一个特指对象, 当词 a 表示的概念是确切的情况下, 该判断句为清晰判断句.

例如当 a 表示大学生, 取 $x =$ "他", 得到判断句 "他是大学生", 这个判断可能是真的 (当他为某大学学生), 也可能是假的 (他并非大学生而是职员). 这样一句能够判断真假的陈述句, 就是二值逻辑中的命题, 如果 x 只是变元不取特定对象, "x 是大学生" 则为谓词逻辑表达, 通常用 1 表示 "真", 用 0 表示 "假".

陈述句 "误差是负小", 表示了对摆杆位置的一种判断, 表示位置的词 "负小" 或 "正小" 的概念是模糊的, 因而是一个模糊判断句. 由于 "负小" 概念的模糊性, 无法判断 "误差是负小" 这句陈述句是绝对真还是绝对假. 根据 "误差" 的具体情况, 可取其真值为 $[0,1]$ 中的数, 以表示其 "真" 的程度.

3.3.3 If-Then 模糊推理句

推理是由已知判断引申出新判断的思维过程. 陈述句 "If x 是 a, Then x 是 b" 称为推理句, 记作 $(a) \rightarrow (b)$. 例如

(1)"If x 是等边三角形, Then x 是等腰三角形";

(2)"If x 是平行四边形, Then x 是矩形"

均为推理句. 与判断句一样, 推理句可以正确, 也可以错误, (1) 是正确的, 也可以
说, $(a) \to (b)$ 对所有的 x 都是真的, 它是一个公理; (2) 是错误的, 平行四边形不
一定都是矩形.

模糊推理句与模糊判断句一样, 不能给出绝对的正确 (真) 与错误 (假), 只能
给出正确或错误的程度. 例如, "If x 是阴天, Then x 很冷", 由于 "阴天" "冷" 等
概念是模糊的, 因而无法确定模糊推理的绝对正确或错误. 与模糊判断句用 $[0,1]$
中的数表示 "真" 的程度类似, 模糊推理句可取 $[0,1]$ 中的数, 表示其 "真" 的程度.

Zadeh 在提出并定义语言变量时, 就模糊语言在本质上对系统描述方式的重
大改变, 引入了 If-Then 条件推理, 建立了近似推理中的假言推理方法 (Zadeh,
1968), 如

If 前提 Then 结论

其中, 前提和结论部分均由模糊语言变量描述:

(1) 如果 x 大约等于 5, 则设定 y 大约等于 10;

(2) 如果 x 大, 则将 y 增加几个单位.

其中, 当满足 If 前提条件时, 则执行相应的操作, 即 Then 的结论. 可见, 模糊推
理扩大了逻辑推理的适用范围.

3.3.4 简单模糊推理过程

设 $\tilde{A}$ 和 $\tilde{B}$ 分别为 X 与 Y 上的模糊集, 隶属度函数分别为 $\mu_{\tilde{A}}(x), \mu_{\tilde{B}}(y)$, 词
a 和 b 分别用 X 与 Y 上的模糊集 $\tilde{A}$ 和 $\tilde{B}$ 描述, 模糊推理句 $(a) \to (b)$ 可表示为
从 X 到 Y 的一个模糊关系, 记为 $\tilde{A} \to \tilde{B}$, 其隶属度函数定义为

$$\mu_{\tilde{A} \to \tilde{B}}(x,y) \stackrel{\mathrm{d}}{=} [\mu_{\tilde{A}}(x) \wedge \mu_{\tilde{B}}(y)] \vee [1 - \mu_{\tilde{A}}(x)] \tag{3.3.1}$$

或

$$(\tilde{A} \to \tilde{B})(x,y) \stackrel{\mathrm{d}}{=} [\mu_{\tilde{A}}(x) \wedge \mu_{\tilde{B}}(y)] \vee [1 - \mu_{\tilde{A}}(x)] \tag{3.3.2}$$

可将 $\tilde{A} \to \tilde{B}$ 推理句所确定的模糊关系看作一个大前提, 当有一个小前提 (条
件) $\tilde{A}_1$ 时, 模糊推理就成为一种模糊变换, 推理的结论为

$$\tilde{B}_1 = \tilde{A}_1 \circ (\tilde{A} \to \tilde{B}) \tag{3.3.3}$$

参照图 2.15, 可得模糊推理框图, 如图 3.3 所示.

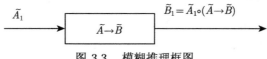

图 3.3   模糊推理框图

例 2 设论域 $X = \{x_1, x_2, x_3, x_4, x_5\} = \{1, 2, 3, 4, 5\}$, $Y = \{y_1, y_2, y_3, y_4, y_5\} = \{1, 2, 3, 4, 5\}$, 已知

$$\tilde{A} \in X, \quad \tilde{A} = \text{``}x \text{ 小''} \quad \mu_{\tilde{A}}(x) = \frac{1}{1} + \frac{0.5}{2}$$

$$\tilde{B} \in X, \quad \tilde{B} = \text{``}y \text{ 大''} \quad \mu_{\tilde{B}}(x) = \frac{0.5}{4} + \frac{1}{5}$$

有 If $\tilde{A}$ Then $\tilde{B}$, 求解模糊关系 $R = \tilde{A} \rightarrow \tilde{B}$.

根据 $\mu_R(x, y) = \mu_{\tilde{A} \rightarrow \tilde{B}}(x, y) = [\mu_{\tilde{A}}(x) \wedge \mu_{\tilde{B}}(y)] \vee [1 - \mu_{\tilde{A}}(x)]$, 可得模糊关系矩阵 R 的元素

$$\mu_R(1, 3) = \mu_{\tilde{A} \rightarrow \tilde{B}}(1, 3) = [\mu_{\tilde{A}}(1) \wedge \mu_{\tilde{B}}(3)] \vee [1 - \mu_{\tilde{A}}(1)] = [1 \wedge 0] \vee [1 - 1] = 0$$

$$\mu_R(1, 4) = \mu_{\tilde{A} \rightarrow \tilde{B}}(1, 4) = [\mu_{\tilde{A}}(1) \wedge \mu_{\tilde{B}}(4)] \vee [1 - \mu_{\tilde{A}}(1)] = [1 \wedge 0.5] \vee [1 - 1] = 0.5$$

$$\mu_R(2, 5) = \mu_{\tilde{A} \rightarrow \tilde{B}}(2, 5) = [\mu_{\tilde{A}}(2) \wedge \mu_{\tilde{B}}(5)] \vee [1 - \mu_{\tilde{A}}(2)] = [0.5 \wedge 1] \vee [1 - 0.5] = 0.5$$

其余可类似地计算, 可得

$$R = \begin{bmatrix} 0 & 0 & 0 & 0.5 & 1 \\ 0.5 & 0.5 & 0.5 & 0.5 & 0.5 \\ 1 & 1 & 1 & 1 & 1 \\ 1 & 1 & 1 & 1 & 1 \\ 1 & 1 & 1 & 1 & 1 \end{bmatrix}$$

例 3 设论域 $X = Y = \{x_1, x_2, x_3, x_4, x_5\} = \{1, 2, 3, 4, 5\}$, X, Y 上的模糊子集 "大""小""较小" 分别给定为

$$[大] = \frac{0.4}{3} + \frac{0.7}{4} + \frac{1}{5},$$

$$[小] = \frac{1}{1} + \frac{0.7}{2} + \frac{0.4}{3},$$

$$[较小] = \frac{1}{1} + \frac{0.6}{2} + \frac{0.4}{3} + \frac{0.2}{4},$$

已知 If x 小, Then y 大, 试确定 x 较小时, y 的大小.

首先, 计算 "大前提"If x 小, Then y 大的模糊关系矩阵, 因 $\{$If x 小, Then y 大$\}$ $(x, y) = \big([小](x) \wedge [大](y)\big) \vee \big(1 - [小](x)\big)$, 有

$$R = \begin{bmatrix} 0 & 0 & 0.4 & 0.7 & 1 \\ 0.3 & 0.3 & 0.4 & 0.7 & 0.7 \\ 0.6 & 0.6 & 0.6 & 0.6 & 0.6 \\ 1 & 1 & 1 & 1 & 1 \\ 1 & 1 & 1 & 1 & 1 \end{bmatrix}$$

由给定的小前提 (条件)[x 较小] 及推理关系 R, 可以合成 y, 如

$$[y] = [x \text{较小}] \circ [\text{If } x \text{ 小}, \text{Then } y \text{大}](x, y)$$

$$= [1, 0.6, 0.4, 0.2, 0] \circ \begin{bmatrix} 0 & 0 & 0.4 & 0.7 & 1 \\ 0.3 & 0.3 & 0.4 & 0.7 & 0.7 \\ 0.6 & 0.6 & 0.6 & 0.6 & 0.6 \\ 1 & 1 & 1 & 1 & 1 \\ 1 & 1 & 1 & 1 & 1 \end{bmatrix}$$

$$= [0.4, 0.4, 0.4, 0.7, 1]$$

可写作

$$y = \frac{0.4}{1} + \frac{0.4}{2} + \frac{0.4}{3} + \frac{0.7}{4} + \frac{1}{1}.$$

由上可知, 简单模糊推理需根据模糊关系 R 才可推导结论, R 是推理的 "大前提", 它提供了推理需要的一般原理和原则.

3.4 模糊规则库

演绎推理需要依据一般原理和原则, 推导出一般原理用于特定事物的结论. 这些一般原理和原则, 在模糊系统中是一种知识经验的信息, 只有全面了解了所考察对象的实际情况, 构成规则库, 才能据此进行模糊推理.

3.4.1 模糊规则

规则是从实际系统中提取的事物本身所具有的规律和法则, 决定了事物发展变化的路径. 规则推理 (Rule-Based Reasoning) 已成为计算机科学技术名词 (全国科学技术名词审定委员会, 2018), 在人工智能领域中具有广泛的应用, 例如, 模糊推理、决策树等基于规则的方法, 能够完成智能信息处理与智能信息控制等许多场合的任务 (Duda et al., 2007).

提取规则的过程, 也是系统建模的过程. 从所考察对象系统的输入、输出信息中, 提取以语言描述的系统特征与规则, 刻画了所研究对象的全部属性和可能的物理过程, 尽管与传统数学建模的方法与表达方式不同, 但是, 以规则描述的系统行为已经达到了建模的目的.

规则提取是对经验知识的提炼与总结, 包含了设计者个人的经验常识等等. 以图 1.2 小车倒立摆为例, 这是日常生活中人们非常熟悉的系统, 其控制目标是, 根据摆杆的位置与状态 (即输入量), 对小车施加一定的控制力 (输出量), 使摆杆运动到理想的垂直位置并保持直立, 因而易于总结出控制摆杆的经验规则, 如

(1) If 误差是负大且误差的变化为负大, Then 力是正大;

这条规则量化了图 3.4(a) 中摆杆正在以一个大角度偏离直立位置, 同时以顺时针运动的状态, 因此, 此时需要施加一个正向 (向右)、大的力, 使摆杆向垂直位置运动.

(2) If 误差是零且误差的变化为正小, Then 力是负小;

这条规则量化了图 3.4(b) 中摆杆的位置及状态, 此时, 摆杆接近于垂直位置即误差角度近于零, 且正在以逆时针运动, 因而需要施加一个负向 (向左)、小的力, 以使摆杆向零位置运动, 假若施加一个正向的力, 由经验可知, 摆杆将过冲出期望位置.

(3) If 误差是正大且误差的变化是负小, Then 力是负小;

这条规则量化了图 3.4(c) 中倒立摆远离直立位置且正以顺时针方向运动的状态, 因此, 此时需要施加一个负的 (向左)、小的力, 以辅助摆杆向理想位置运动, 注意此时不可施加大的力, 因摆杆已在向期望方向运动, 以免过冲.

以上三条规则均为语言规则, 由语言变量及语言变量值组成. 由于语言变量值只是其所表达的真实数值的非精确值, 因而语言规则也不是精确的, 且可能因个人经验的不同而有一定的差异. 但是, 这些语言规则均提取了现实生活中如何达到控制的经验知识, 在控制实践中是有效、可靠、成功的, 因而对于控制策略的设计是非常有帮助的.

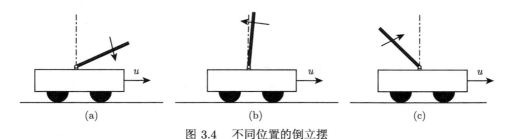

图 3.4   不同位置的倒立摆

在小车倒立摆的控制规则中, 其前提部分是由两项条件联合构成的, 例如, "误差是零" 且 "误差的变化为正小" 二者共同作为前提部分. 通常情况下, 前提部分条件项的数目, 由控制系统 (或推理过程) 的输入量数目确定, 同理, 结论部分中结论项的数目, 是由控制系统 (或推理过程) 的输出量数目确定的. 此外, 对于一条规则, 并非必须包括全部的前提条件项或全部结论项.

3.4.2　规则库

大量规则将共同构成规则库, 也就是推理所依据的模糊关系——"大前提".

依照 3.4.1 小节中提取规则的方法, 可以总结出所有可能的倒立摆位姿的情形及其规则. 由于只需要指定有限个语言变量及其语言值, 因而规则条数是有限的. 在倒立摆问题中, 有两个语言输入变量, 每个语言输入变量由 5 个语言值描述, 因而将会有 $5^2 = 25$ 条规则.

当输入量小于等于 2 时, 表格法是列出所有规则的一种简便方式, 表 3.1 是倒立摆的一种可能的规则表, 其中, 表的主体为结论部分, 由语言值表示, 表中左侧的行与上部的列为前提部分, 亦由语言值表示. 以表中 $(2, -1)$ 位置为例, 行 "2" 表示该行的语言值为 2、列 "-1" 表示该列的语言值为 1, $(2, -1)$ 交叉处有值 -1 对应地表达了 3.4.1 小节中的规则 (3):

If 误差是正大且误差的变化是负小, Then 力是负小.

表 3.1　倒立摆的规则表

力 u		误差的变化 $\dot{e}$				
		-2	-1	0	1	2
误差 e	-2	2	2	2	1	0
	-1	2	2	1	0	-1
	0	2	1	0	-1	-2
	1	1	0	-1	-2	-2
	2	0	-1	-2	-2	-2

3.4.1 小节已提及由于设计者经验规则的差异性, 规则提取和描述是不同的, 因而对于同一个对象系统, 规则表也常常并不相同. 然而, 读者由倒立摆控制的日常经验可知, 尽管运动与控制力的正方向选择可能不同, 并且输入量可以选择为偏离角度误差及其变化, 有时也可以选取 "误差变化的变化" 等, 此外, 输出控制量可以选取力, 也可以选取小车的移动速度等等, 但是, 均可达到要求的控制效果.

同时, 从表 3.1 可以看出其主体结论部分是以 0 为对称的, 一方面说明了倒立摆控制知识的规则抽象表示, 并无例外情况, 另一方面也表明受控系统在动力学上的对称性. 因此, 规则提取与表达尽管可能各异, 但是均遵循了一定的客观规律, 在后续模糊系统理论与应用中也可以观察到并利用这一本质特点.

3.4.3 模糊蕴涵关系

在 3.1.4 小节模糊逻辑演算中, 模糊蕴涵 (→) 定义了模糊命题之间的关系及其推理. 因命题逻辑演算可依相应的集合运算进行, 对模糊命题 $\tilde{Q}$, $\tilde{S}$, $\tilde{A}$, $\tilde{B}$ 分别是其对应的论域 X, Y 上的模糊集, 隶属度函数为 $\mu_{\tilde{A}}(x)$, $\mu_{\tilde{B}}(y)$, 模糊推理句 $\tilde{A} \to \tilde{B}$ 表示从 X 到 Y 的一个模糊蕴涵关系

$$\tilde{Q} \to \tilde{S} : (\mu_{\tilde{A}}(x) \wedge \mu_{\tilde{B}}(y)) \vee (\neg \mu_{\tilde{A}}(x)) = (\mu_{\tilde{A}}(x) \wedge \mu_{\tilde{B}}(y)) \vee (1 - \mu_{\tilde{A}}(x))$$

由规则库的构建过程可知, 一条规则中的前提部分与结论部分的项数是由对象系统输入量和输出量的数目决定的. 当对象系统比较简单时, 输入输出可能都是一项, 例如, "If 车速太快, Then 减小油门" 这样的汽车车速控制规则. 前提部分为两项时的例子, 例如, 小车-倒立摆控制系统, 由于该系统动态变化过程较剧烈, 需在偏离角度 "误差" 的位置信息之外, 另加一项 "误差的变化", 以视摆杆的运动状态, 共同决定采取何种结论进行控制. 还有其他多输入多输出的情况, 例如, 设备的故障诊断系统, 由于有多个故障现象和多个故障原因, 且一个故障现象并非只由单个原因引起, 一个原因也可能导致多重故障现象, 因而推理规则中的前提部分和结论部分均包含了多项条目. 不同的项数条件带来不同的推理过程, 本节将简要介绍几类不同项数情况下的模糊蕴涵关系.

3.4.3.1 单输入模糊条件语句的蕴涵关系

单输入模糊条件语句的句型结构如

$$\text{If } x \text{ is } \tilde{A}, \text{ Then } y \text{ is } \tilde{B} \text{ or } y \text{ is } \tilde{C}$$

该模糊关系矩阵 R 中各元素按

$$\mu_{(\tilde{A} \to \tilde{B}) \vee (\tilde{A}^c \to \tilde{C})}(x, y) = [\mu_{\tilde{A}}(x) \wedge \mu_{\tilde{B}}(y)] \vee [(1 - \mu_{\tilde{A}}(x)) \wedge \mu_{\tilde{C}}(y)]$$

计算.

例 4 设论域 $X = Y = \{1, 2, 3, 4, 5\}$, $\tilde{A}_{轻} = \{1, 0.8, 0.6, 0.4, 0.2\}$, $\tilde{B}_{重} = \{0.2, 0.4, 0.6, 0.8, 1\}$, 试确定 "If x 轻, Then y 重, or y 不很重" 所确定的 R, 以及 "x 很轻" 所对应的 y 的模糊集合.

首先,

$$y \text{ 很重} : \tilde{B}_{很重} = H_2(\tilde{B}_{重}) = [0.04, \ 0.16, \ 0.36, \ 0.64, \ 1],$$

$$y \text{ 不很重} : \tilde{B}_{不很重} = \tilde{B}_{不很重}^c = [0.96, \ 0.84, \ 0.64, \ 0.36, \ 0],$$

$$x \text{ 不轻} : \tilde{A}_{不轻} = [0, \ 0.2, \ 0.4, \ 0.6, \ 0.8].$$

由 $R = (\tilde{A}_{轻} \times \tilde{B}_{重}) \vee (\tilde{A}_{不轻} \times \tilde{B}_{不很重}) = (\tilde{A}_{轻} \circ \tilde{B}_{重}) \vee (\tilde{A}_{不轻} \circ \tilde{B}_{不很重})$, 可得

$$
R = \begin{bmatrix} 1 \\ 0.8 \\ 0.6 \\ 0.4 \\ 0.2 \end{bmatrix} \circ [0.2, 0.4, 0.6, 0.8, 1] \cup \begin{bmatrix} 0 \\ 0.2 \\ 0.4 \\ 0.6 \\ 0.8 \end{bmatrix}
$$

$$
\circ [0.96, 0.84, 0.64, 0.36, 0]
$$

$$
= \begin{bmatrix} 0.2 & 0.4 & 0.6 & 0.8 & 1 \\ 0.2 & 0.4 & 0.6 & 0.8 & 0.8 \\ 0.2 & 0.4 & 0.6 & 0.6 & 0.6 \\ 0.2 & 0.4 & 0.4 & 0.4 & 0.4 \\ 0.2 & 0.2 & 0.2 & 0.2 & 0.2 \end{bmatrix} \cup \begin{bmatrix} 0 & 0 & 0 & 0 & 0 \\ 0.2 & 0.2 & 0.2 & 0.2 & 0 \\ 0.4 & 0.4 & 0.4 & 0.36 & 0 \\ 0.6 & 0.6 & 0.6 & 0.36 & 0 \\ 0.8 & 0.8 & 0.64 & 0.36 & 0 \end{bmatrix}
$$

$$
= \begin{bmatrix} 0.2 & 0.4 & 0.6 & 0.8 & 1 \\ 0.2 & 0.4 & 0.6 & 0.8 & 0.8 \\ 0.4 & 0.4 & 0.6 & 0.6 & 0.6 \\ 0.6 & 0.6 & 0.6 & 0.4 & 0.4 \\ 0.8 & 0.8 & 0.64 & 0.36 & 0.2 \end{bmatrix}
$$

因 [x 很轻]: $\tilde{A}_{很轻} = H_2(A_{轻}) = [1, 0.64, 0.36, 0.16, 0.04]$, 对应的 y 的模糊集合为

$$
\tilde{B}_1 = \tilde{A}_{很轻} \circ R
$$

$$
= [1, 0.64, 0.36, 0.16, 0.04] \circ R
$$

$$
= [0.36, 0.4, 0.6, 0.8, 1]
$$

3.4.3.2　多输入模糊条件语句的蕴涵关系

具有多个输入量的简单模糊条件语句的句型结构如

If x_1 is $\tilde{A}_1$, x_2 is $\tilde{A}_2$, $\cdots$, x_i is $\tilde{A}_i, \cdots$, and x_n is $\tilde{A}_n$, Then y is $\tilde{B}$

式中, $i = 1, 2, \cdots, n$, 该语句蕴涵的模糊关系矩阵 R 为

$$
R = \tilde{A}_1 \times \tilde{A}_2 \times \cdots \times \tilde{A}_i \times \cdots \times \tilde{A}_n \times \tilde{B}
$$

其模糊关系矩阵 R 中各元素按

$$\mu_R(x_1, x_1, \cdots, x_n, y) = \mu_{\tilde{A}_1}(x) \wedge \mu_{\tilde{A}_2}(x) \wedge \cdots \wedge \mu_{\tilde{A}_i}(x) \wedge \cdots \wedge \mu_{\tilde{A}_n}(x) \wedge \mu_{\tilde{B}}(y)$$

计算.

例 5 已知两输入模糊集 $\tilde{A}_1 = [1, 0.4]$, $\tilde{A}_2 = [0.1, 0.7, 1]$, 结论集 $\tilde{B} = [0.3, 0.5, 1]$, 求 R, 并试求当有新的输入 $\tilde{A}_{11} = [0.5, 0.2]$, $\tilde{A}_{12} = [0.4, 0.3, 1]$ 时, 由 R 所确定的推理结论 $\tilde{B}$.

首先, $\tilde{A}_1 \times \tilde{A}_2 = \tilde{A}_1 \circ \tilde{A}_2 = \begin{bmatrix} 1 \\ 0.4 \end{bmatrix} \circ [0.1, 0.7, 1] = \begin{bmatrix} 0.1 & 0.7 & 1 \\ 0.1 & 0.4 & 0.4 \end{bmatrix}$, 有

$$(\tilde{A}_1 \times \tilde{A}_2)^{T列} = \begin{bmatrix} 0.1 \\ 0.7 \\ 1 \\ 0.1 \\ 0.4 \\ 0.4 \end{bmatrix}$$

可得

$$R = (\tilde{A}_1 \times \tilde{A}_2)^{T列} \times \tilde{B} = \begin{bmatrix} 0.1 \\ 0.7 \\ 1 \\ 0.1 \\ 0.4 \\ 0.4 \end{bmatrix} \circ [0.3, 0.5, 1] = \begin{bmatrix} 0.1 & 0.1 & 0.1 \\ 0.3 & 0.5 & 0.7 \\ 0.3 & 0.5 & 1 \\ 0.1 & 0.1 & 0.1 \\ 0.3 & 0.4 & 0.4 \\ 0.3 & 0.4 & 0.4 \end{bmatrix}$$

当有两个输入 $\tilde{A}_{11}$, $\tilde{A}_{12}$ 时, 可得结论 $\tilde{B}$

$$\tilde{B} = (\tilde{A}_{11} \times \tilde{A}_{12})^{T行} \circ R$$

$$= \left(\begin{bmatrix} 0.5 \\ 0.2 \end{bmatrix} \circ [0.4, 0.3, 1] \right)^{T行} \circ R$$

$$= \begin{bmatrix} 0.4, & 0.3, & 0.5, & 0.2, & 0.2, & 0.2 \end{bmatrix} \circ R$$

$$= [0.3, 0.5, 0.5]$$

其中, T 列、T 行分别表示矩阵的列转置和行转置, 是为适应模糊隶属度函数的计算按照模糊关系的合成做出的相应变换.

3.4.3.3　多重模糊条件语句的蕴涵关系

由多个简单条件语句并列构成的语句称为多重条件语句. 多重模糊条件语句的句型结构如

$$\text{If } x \text{ is } \tilde{A}_1, \text{ Then } y \text{ is } \tilde{B}_1$$
$$\cdots$$
$$\text{or If } x \text{ is } \tilde{A}_j, \text{ Then } y \text{ is } \tilde{B}_j$$
$$\cdots$$
$$\text{or If } x \text{ is } \tilde{A}_m, \text{ Then } y \text{ is } \tilde{B}_m$$

式中, $j = 1, 2, \cdots, m$, 该语句蕴涵的模糊关系矩阵 R 为

$$R = (\tilde{A}_1 \times \tilde{B}_1) \cup \cdots \cup (\tilde{A}_j \times \tilde{B}_j) \cup \cdots \cup (\tilde{A}_m \times \tilde{B}_m) = \bigcup_{j=1}^{m}(\tilde{A}_j \times \tilde{B}_j)$$

其隶属度函数

$$\mu_R(x, y) = \bigvee_{j=1}^{m}[\mu_{\tilde{A}_j}(x) \wedge \mu_{\tilde{B}_j}(y)]$$

3.4.3.4　多重多输入模糊条件语句的蕴涵关系

具有多输入量的多重模糊条件语句, 称为多重多输入模糊条件语句. 多重模糊条件语句的句型结构如

If x_1 is $\tilde{A}_{11}$, x_2 is $\tilde{A}_{12}$, $\cdots$, x_i is $\tilde{A}_{1i}$, $\cdots$, and x_n is $\tilde{A}_{1n}$, Then y_1 is $\tilde{B}_1$
or If x_1 is $\tilde{A}_{21}$, x_2 is $\tilde{A}_{22}$, $\cdots$, x_i is $\tilde{A}_{2i}$, $\cdots$, and x_n is $\tilde{A}_{2n}$, Then y_2 is $\tilde{B}_2$
$\cdots$
or If x_1 is $\tilde{A}_{m1}$, x_2 is $\tilde{A}_{m2}$, $\cdots$, x_i is $\tilde{A}_{mi}$, $\cdots$, and x_n is $\tilde{A}_{mn}$, Then y_m is $\tilde{B}_m$

该语句蕴涵的模糊关系矩阵 R 为

$$R = \bigcup_{j=1}^{m}(\tilde{A}_{j1} \times \tilde{A}_{j2} \times \cdots \times \tilde{A}_{ji} \times \cdots \times \tilde{A}_{jn} \times \tilde{B}_j)$$

式中, $i = 1, 2, \cdots, n$, $j = 1, 2, \cdots, m$, 其隶属度函数为

$$\mu_R(x_1, x_2, \cdots, x_n, y) = \bigvee_{j=1}^{m}[\mu_{\tilde{A}_{j1}}(x) \wedge \mu_{\tilde{A}_{j2}}(x) \wedge \cdots \wedge \mu_{\tilde{A}_{ji}}(x) \wedge \cdots \wedge \mu_{\tilde{A}_{jn}}(x) \wedge \mu_{\tilde{B}_j}(y)]$$

在实际应用中, 常常遇到的是多重两输入模糊条件语句, 即 $n = 2$, 其一般形式为

$$\text{If } \tilde{A}_{j1} \text{ and } \tilde{A}_{j2}, \text{ Then } \tilde{B}_j$$

式中, $j = 1, 2, \cdots, m$, 该语句蕴涵的模糊关系矩阵 R 为

$$R = \bigcup_{j=1}^{m} (\tilde{A}_{j1} \times \tilde{A}_{j2}) \times \tilde{B}_j$$

R 中隶属度元素可按

$$\mu_R(x,y,z) = \bigvee_{j=1}^{m} \tilde{A}_{j1}(x) \wedge \tilde{A}_{j2}(y) \wedge \tilde{B}_j(z)$$

计算, 式中, $x \in X, y \in Y, z \in Z$.

3.5 本 章 小 结

在模糊系统中, 复杂系统分析与控制是以模糊条件及其推理为基础的. 首先, 以语言变量描述系统的方式, 与传统数字变量不同, 且变量之间的关系以模糊条件陈述为特点, 这为以往因考察对象过于复杂或定义不明确, 无法对系统行为进行精确数学分析等问题, 提供了一种近似而有效的方法.

本章介绍模糊集合上的逻辑运算, 其基础是集合理论与 If-Then 规则, 模糊逻辑也是以经典逻辑为基础拓展而来的, 模糊逻辑通过对前提条件和结论的演算, 获得对研究对象因果规律的揭示, 对经典逻辑运算的了解将有助于掌握模糊逻辑.

思 考 题

3.1 请简要说明模糊语言变量, 其值是怎样表示的, 如何将语气算子加入其中?

3.2 以小车倒立摆为例, 说明控制系统中的语言变量有哪些, 语言变量值又可取哪些值?

3.3 什么是模糊条件推理, 请以小车倒立摆控制为例, 列出你的模糊推理句.

3.4 可采用思考题 3.3 的若干推理句构成规则库, 请设计规则库并思考, 在语言变量选取一致的情况下, 不同设计者完成的规则库是否相同, 规则库的规模 "大小" 是由什么决定的呢?

3.5 已知两输入单输出模糊条件句 "若 A 且 B 则 C", 且给定模糊集合 A=[1,0.4], B=[0.1,0.7,1] 及 C=[0.3,0.5,1], 试计算其模糊关系 R?

参 考 文 献

陈云霁, 李玲, 李威, 等. 2020. 智能计算系统. 北京：机械工业出版社.

罗承忠. 2005. 模糊集引论 (上册). 2 版. 北京：北京师范大学出版社.

邱雪玫, 李葆嘉. 2016. 语义解析方法的形成过程及其学术背景——揭开 "结构主义语义学" 的第二个谜. 江海学刊, (3): 65-73.

计算机科学技术名词审定委员会. 2018. 计算机科学技术名词. 3 版. 北京：科学出版社.

Duda R O, Hart P E, Strok D G. 2007. 模式分类 (英文版). 2 版. 北京：机械工业出版社.

Huth M, Ryan M. 2000. Logic in Computer Science: Modelling and Reasoning about Systems. 2nd ed. New York: Cambridge University Press.

Zadeh L A. 1968. Fuzzy algorithms. Inf. Control, 12(2): 94-102.

第 4 章　模糊控制系统

　　控制工程的基本目标是提取并应用所考察对象系统的知识和模型, 设计控制器以使系统能够安全可靠地实现较高性能. 本章将在模糊集与模糊逻辑等理论的基础上, 给出模糊控制系统的组成与设计, 并详述多输入输出系统、隶属度函数选择、模糊化、推理机制及逆模糊化等环节和步骤, 全面地分析模糊逻辑与知识实现控制目标的过程.

4.1　模糊控制器

4.1.1　模糊控制器构成

　　由第 1 章模糊系统概述可知, 模糊控制系统是在求解控制策略时采用了模糊理论和方法, 在整体控制系统的其他环节, 其基本组成与结构则与一般控制系统保持一致. 在模糊控制系统中, 由模糊控制器获得模糊控制律, 这是模糊控制系统区别于其他 PID 控制、神经网络控制等的本质特点, 模糊控制系统框图如图 4.1 所示, 其中, 模糊控制器如图中阴影框所示, 由四个组成部分构成:

　　(1) **规则库**　也称 If-Then 规则, 规则库是对于如何实现控制的相关知识经验的语言描述;

　　(2) **模糊推理机制**　也称为推理机, 模仿根据经验知识做出决策支持的过程, 推理机应用相关知识和信息得出控制策略;

　　(3) **模糊化接口**　将输入量转换为推理机制可用的信息, 以启用规则;

　　(4) **逆模糊化接口**　将推理机的结论转换为控制对象的可执行参量.

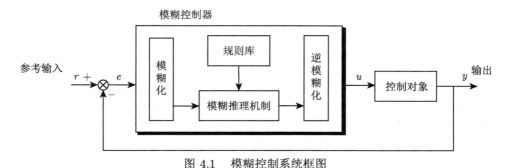

图 4.1　模糊控制系统框图

4.1.2   模糊系统是通用逼近器

模糊系统具有强大的函数逼近能力. 设计优良的模糊模型能够处理更为复杂的系统, 而不仅仅是前面章节介绍到的线性映射等等, 模糊系统是一类通用逼近器 (Universal Approximator) (Sugeno and Yasukawa, 1993; Sugeno 1999; Wang, 1992).

设模糊系统 $f(x)$ 为通用逼近器, 则对于任一连续函数 $\psi(x)$, 存在有界闭集 $\varepsilon > 0$, 有

$$\sup_u |f(x) - \psi(x)| < \varepsilon \tag{4.1.1}$$

式中, $\sup |\cdot|$ 为上确界.

模糊系统是通用逼近器, 指的是模糊系统可以通过设计逼近任何复杂的非线性系统, 但是, 并不是一定能够找得到这样的系统设计, 因为仅对于如何选取隶属度函数以设计这一系统, 也尚未有确定的指导方法; 而且, 尽管借助大量的参数调整步骤, 可以使 If-Then 规则来近似非线性函数, 可以使模糊模型更好地逼近对象系统, 但是, 依然不能保证一个给定的、设计精良的模糊控制器, 能够满足全部的控制性能和稳定性要求, 例如, 在有些情况下, 理想的输入量和输出量就不太容易直接获得, 因此, 在一定程度上, 许多限制条件也阻碍了模糊系统的性能.

在标准型 If-Then 模糊模型之外, 日本学者 Takagi 和 Sugeno 提出了模糊系统辨识方法 (Takagi and Sugeno, 1985; Sugeno and Kang, 1988), 并发展了 Takagi-Sugeno 函数型模糊模型 (T-S 模型) 可根据输入输出数据对系统进行模糊辨识和参数估计, 使模糊系统的通用逼近能力得到了更大的提高. 第 6 章将介绍 T-S 标准型模糊模型的相关内容, 本章模糊控制仍以标准型模型作为基础理论.

4.2   Mamdani 标准型模糊系统

4.2.1   If-Then 策略机制

模糊控制系统输入与输出之间的映射是由从前提 $\rightarrow$ 执行的规则表达的, 即

If 前提 Then 结论

通常情况下, 输入与前提有关, 输出与结论有关, If-Then 模糊条件推理机制规定了控制策略的求解方式. 本小节给出 If-Then 策略的两类标准形式, 分别针对多输入多输出 MIMO(Multi-Input Multi-Output) 系统和多输入单输出 MISO(Multi-Input Single-Output) 系统.

MISO 系统的语言规则形如

$$\text{If } x_1 \text{ is } \tilde{A}_1, x_2 \text{ is } \tilde{A}_2, \cdots, \text{ and } x_n \text{ is } \tilde{A}_n, \text{ Then } u \text{ is } \tilde{B} \tag{4.2.1}$$

该规则集确定了由经验知识提取的系统控制策略. MIMO 系统也可由一条规则来表示 (即其结论部分为多个控制输出量), 当输入数为 n, 输出数为 2 时, 有

$$\text{If } x_1 \text{ is } \tilde{A}_1, x_2 \text{ is } \tilde{A}_2, \cdots, \text{ and } x_n \text{ is } \tilde{A}_n, \text{ Then } u_1 \text{ is } \tilde{B}_1 \text{ and } u_2 \text{ is } \tilde{B}_2$$

该规则集可以化解为多个 MISO 规则集, 也就是说, 在语言逻辑上等价于 MISO 的两条规则语句

$$\text{If } x_1 \text{ is } \tilde{A}_1, x_2 \text{ is } \tilde{A}_2, \cdots, \text{ and } x_n \text{ is } \tilde{A}_n, \text{ Then } u_1 \text{ is } \tilde{B}_1$$

$$\text{If } x_1 \text{ is } \tilde{A}_1, x_2 \text{ is } \tilde{A}_2, \cdots, \text{ and } x_n \text{ is } \tilde{A}_n, \text{ Then } u_2 \text{ is } \tilde{B}_2$$

MIMO 结论部分由逻辑 "与"(and) 连接, 因而 MISO 两条规则在理论上都是有效的.

但是, 在系统控制的执行过程中, 对于相同的状态输入, 不可有两个 (或以上) 控制输出. 因此, 对于前提条件相同结论不同的控制规则语句, 只有一条结论将被采用, 其他则被舍弃 (Passino and Yurkovich, 1998; Ortega et al., 2001).

在其他规则推理的应用中, 对相同前提下多条规则的选取, 则常常通过以 "适用度"、规则 "强度"、规则 "激活度" 等描述方式赋予不同的权值, 最终也可以达到求取唯一一个输出结论的目的 (诸静, 2005; 林燕清和傅仰耿, 2018).

综上所述, 由于 MIMO 系统均可化解为 MISO 系统, 所以本章以 MISO 系统为例介绍模糊控制的方法也可用于 MIMO 模糊系统的控制与设计.

4.2.2 Mamdani 标准型模糊模型

模糊系统具有的将它与其他技术区别开的最大特点在于: 一是模糊隶属度, 二是 If-Then 模糊推理, 前者将语言值变量以模糊隶属度值的形式表达出来, 使得模糊特性可量化、可计算, 后者将输入输出之间的关系以模糊条件和结论的方式表示出来, 为分析与控制复杂非线性系统创造了条件.

模糊系统的这两个本质特点, 在模糊控制中获得了充分应用, 同时, 根据系统控制的实际要求, 人们发展并提出了许多模糊隶属度函数选择设定及 If-Then 模糊推理的方法与方式. 以 If-Then 模糊推理句中前提和结论的形式区分, 模糊推理模型则可分为标准型模糊模型 (Mamdani 标准型模型) 和函数型模糊模型 (T-S 函数型模型), 当模糊推理的前提与结论均以对模糊子集的隶属度形式给出时, 称之为标准型模糊系统.

英国学者 Mamdani 和 Assilian 在早期将模糊理论运用于控制系统时 (Mamdani and Assilian, 1975), 设计了经典的模糊控制语句

$$\text{If } \tilde{A} \text{ Then } \tilde{B}$$

其 If 前提部分和 Then 结论部分均以模糊集 $\tilde{A}$, $\tilde{B}$ 的形式给出, 并以

(1) PB(Positive Big)-正大;

(2) PM(Positive Medium)-正中;

(3) PS(Positive Small)-正小;

(4) NO(Null)-零;

(5) NS(Negative Small)-负小;

(6) NM(Negative Medium)-负中;

(7) NB(Negative Big)-负大

等表示论域上模糊子集中的变量, 可得模糊推理

$$\text{If } x \text{ is NB, Then } y \text{ is PB}$$

式中, x 为状态输入量, y 为控制量, 且 y 可由结论部分的模糊子集 PB 为基础求取. 因此, 这种前提与结论均以模糊子集形式给出模糊系统模型, 被称为 Mamdani 模糊模型, 也称为标准型模糊模型.

Mamdani 模糊模型既是模糊控制的理论基础, 也在系统控制中获得了大量的应用, 因而本章模糊控制将以 Mamdani 标准型模型为主.

此外, 还有一种典型模型——函数型模糊模型, 其模糊推理的前提条件表达与标准型模型相同, 同为模糊子集的形式, 但其结论部分不再以模糊集的形式表示, 而是以前提条件的非线性函数的方式给出, 因而被称为函数型模糊模型, 也称为 T-S(Takagi-Sugeno) 型模糊模型. 函数型模糊模型扩大了模糊系统的理论与应用, 在系统辨识与参数估计中显示出强大的功能, 因而在模糊系统控制中具有重要的地位, 本书将在第 6 章给出详细论述.

4.3　模　糊　化

本章在介绍模糊控制器的四个组成部分时, 为直观起见, 仍以小车倒立摆的模糊控制为例作简要分析.

4.3.1　选择输入输出量

模糊控制器的输入量和输出量对模糊控制器的性能作用显著, 需依据系统的主要特性及传感技术获取的便捷性与经济性选择, 由于输入空间构成模糊推理的前提条件, 输出空间构成模糊推理的结论部分, 因此在选择输入量和输出量的形式与个数时, 还需考虑表达知识经验的变量适用的推理范围.

在输入量的形式上, 较常见的是误差及其导数, 或其积分形式. 在小车倒立摆系统中, 模糊控制系统框图如图 4.2 所示, 输入量可选择摆杆偏离垂直位置的角度

以及角速度, 即

$$e(t) = r(t) - y(t)$$

和

$$\frac{d}{dt}e(t)$$

式中, $r(t)$ 为参考输入, 以倒立摆垂直位置 $r(t) \equiv 0$ 为理想的控制位置, $y(t)$ 为摆杆的转角.

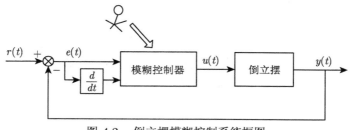

图 4.2　倒立摆模糊控制系统框图

输出量即控制量, 较易确定. 对于小车倒立摆系统, 输出量即控制力, 这里表示为 $u(t)$.

4.3.2　隶属度函数选取

在模糊控制系统中, 对于论域为连续的情况, 隶属度常常用函数的形式来描述, 最常见的隶属度函数有三角函数、梯形函数、高斯函数等. 图 4.3 为三角隶属度函数, 对于误差 $e(t)$, 当其处于模糊子集 "正小" 时, 可由三角函数确定其隶属度值:

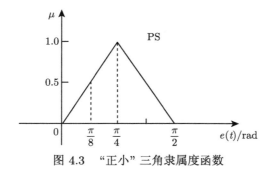

图 4.3　"正小" 三角隶属度函数

(1) 当 $e(t) = -\pi/4$ 时, $\mu(-\pi/4) = 0$, 说明 $e(t) = -\pi/4$ 不属于 "正小" 子集, 在小车倒立摆例中, 应当属于 "负小" 子集;

(2) 当 $e(t) = \pi/8$ 时, $\mu(\pi/8) = 0.5$, 说明 $e(t) = \pi/8$ 属于 "正小" 子集的程度为一半;

(3) 当 $e(t) = \pi/4$ 时, $\mu(\pi/4) = 1.0$, 表示 $e(t) = \pi/4$ 完全属于 "正小" 子集;

模糊隶属度函数的不同特性对模糊控制器的性能影响较大. 当隶属度函数比较窄瘦时, 控制较灵敏, 反之, 当隶属度函数比较宽扁时, 控制较粗略平稳. 图 4.4 为其他也可以表示 "正小" 子集的隶属度函数示例.

在梯形隶属度函数中, 与 $\pi/4$ 相邻较接近的数值, 均可记作完全属于正小子集, 只有当相离较远时, 才认为该数值不完全属于该子集, 如图 4.4(a). 还可以选择高斯形函数作为模糊隶属度函数, 如图 4.4(b), 在逐渐远离 $\pi/4$ 的区域, 属于模糊子集 "正小" 的程度平缓下降. 假若认为稍远离 $\pi/4$ 的数值已不能被接受为 "正小" 模糊子集, 那么, 可选择采用图 4.4(c) 尖峰函数. 若选择在接近 $\pi/4$ 或远离 $\pi/4$ 时, 以不同的隶属度表示其属于模糊子集 "正小" 的程度, 可选取不对称型三角函数, 如图 4.4(d), 接近 $\pi/4$ 时, 属于正小的程度上升较快, 当远离 $\pi/4$ 时, 属于正小的程度下降则较缓慢.

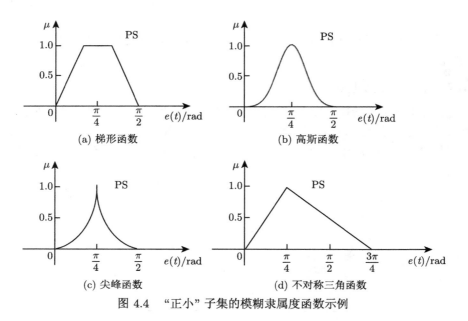

图 4.4　"正小" 子集的模糊隶属度函数示例

通常, 当误差较小时, 隶属度函数可取得较为窄瘦, 误差较大时, 隶属度函数可取得宽扁些. 总之, 选择何种隶属度函数, 与设计者个人的主观认识密切相关, 面对同一组输入输出数据, 确定隶属度函数的过程都带有个人经验和认识的差异, 因而并不是一个客观的过程.

4.3.3　II 型模糊器

前面介绍的模糊隶属度函数 (值) 都是值域在闭区间 $[0,1]$ 上的单值函数, 也称为 I 型模糊器. 本小节介绍一种 II 型模糊器, 假若模糊隶属度函数的函数值仍可取闭区间 $[0,1]$ 上的任意数值, 则称之为 II 型模糊器. 也就是说, II 型模糊器的隶属度并不是一个确定的值, 而是一个处于 $[0,1]$ 范围内的值, 因此, 仍然具有模糊性, 即以隶属度值属于某一集合的程度来表示的模糊性 (Wang et al., 2015).

图 4.5 为一个 I 型模糊器, 对 $\forall x \in X$, 根据隶属度函数可在值域上找到一个唯一确定的值 $\mu_{\tilde{A}}(x)$, $\mu_{\tilde{A}}(x) \in [0,1]$, 与其一一对应, 即

$$
\mu_{\tilde{A}}(x) = \begin{cases}
\mu_{\tilde{A}}^{L}(x), & a_1 \leqslant x < a_2 \\
\omega_{\tilde{A}}, & a_2 \leqslant x \leqslant a_3 \\
\mu_{\tilde{A}}^{R}(x), & a_3 < x \leqslant a_4 \\
0, & \text{其他}
\end{cases}
$$

其中, $\mu_{\tilde{A}}^{L}(x)$ 是连续函数, 并且在 $[a_1, a_2]$ 严格递增, $\mu_{\tilde{A}}^{R}(x)$ 是连续函数, 并且在 $[a_3, a_4]$ 上严格递减, $\omega_{\tilde{A}} \in [0,1]$.

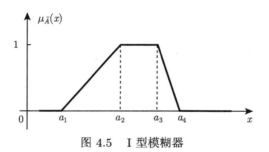

图 4.5　I 型模糊器

II 型模糊集合是将模糊集合扩展开来, 进一步给出了集合中隶属度值的模糊程度, 其模糊隶属度函数可表示为

$$
\tilde{A} = (\tilde{A}^{L}, \tilde{A}^{R})
$$

式中, $\tilde{A}^{L}, \tilde{A}^{R}$ 是 I 型模糊集合, II 型模糊隶属度函数如图 4.6 所示.

图 4.6 中, 模糊隶属度函数的值域为一个模糊区间, 因而 II 型模糊器是对模糊程度的再次模糊表达. 若 $\tilde{A}^{L}, \tilde{A}^{R}$ 为定值而非区间值时, $\tilde{A}$ 则为 I 型模糊器.

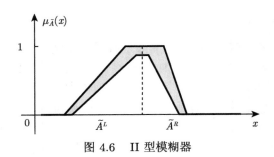

图 4.6   II 型模糊器

4.3.4   单值模糊器

单值模糊器 (Singleton Membership Function) 是模糊控制系统中常用的一种模糊隶属度函数

$$\mu_{\tilde{A}}(x) = \begin{cases} 1, & x = x_i \\ 0, & \text{其他} \end{cases} \tag{4.3.1}$$

式中, 当 $x = x_i$ 时, 隶属度值为 1, 称为 "单值", 在论域中其他点处隶属度值为 0. 图 2.3 中, 所示的单一直线可以理解为离散脉冲函数, 为单值模糊器示意图, 也就是说, 单值表示只有在 $x = x_i$ 上取 "1" 值.

这是不考虑测量误差时的情形, 每一个测量值都被看作是其应有的 "真实值" (True Value). 但是, 真实值是不存在的, 每一次测量, 由于人为误差、仪器误差和环境误差等各种因素的影响, 测量值 (Measured Value) 都有可能不同, 因而不可避免都会含有一定的误差, 在一定误差范围内, 测量值常常可被视作真实值运用于实际控制中.

事实上, 测量值 x 呈现以真实值 x_c 为中心的高斯分布, 测量值的高斯分布示意图如图 4.7 所示, 图中, x_c 为高斯分布的中心值. 模糊子集 (模糊隶属度函数) 提供了描述元素以某种程度处于某一范围的科学方式, 因而也可以处理呈高斯分布的测量数据, 即 "非单值模糊器"(Nonsingleton Membership Function)(Cara et al., 2013; Pourabdollah et al., 2016).

非单值模糊器, 可以视作对测量值的模糊化, 其 "真实值" 具有完全隶属程度 "1", 各测量值则按照其模糊子集的论域进行模糊化. 尽管非单值模糊器以模糊隶属度更加精确地刻画了测量值上的误差, 但是, 增加了计算消耗, 需视所考察对象系统及其控制性能选择使用.

不失一般性, 单值模糊器将测量值视作真值, 形式简洁, 减少了模糊系统的计算量, 且被证明极为有效, 因而广泛应用于模糊系统。因此, 由于单值模糊器的简便实用特性, 本书均使用这一形式.

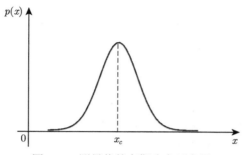

图 4.7　　测量值的高斯分布示意图

4.3.5　规则库中的数据与知识

　　规则库包含了数据库和规则知识库两部分, 数据库是关于各语言变量的尺度变换因子、论域空间分割、量化等级、模糊变量名称及个数、模糊隶属度等内容信息, 规则库则是采用模糊语言变量表示的一系列控制规则, 反映了控制专家的经验和知识.

4.3.5.1　尺度变换参数

　　对输入输出量进行尺度变换将其变换到设定的论域范围. 以输入量为例, 若实际的输入数据为 x', 其变化范围为 $[x_{\mathrm{MIN}}, x_{\mathrm{MAX}}]$, 若指定论域 $[x_{\min}, x_{\max}]$, 采用变换

$$x = \frac{x_{\min} + x_{\max}}{2} + k\left(x' - \frac{x_{\mathrm{MIN}} + x_{\mathrm{MAX}}}{2}\right)$$

其中

$$k = \frac{x_{\max} - x_{\min}}{x_{\mathrm{MAX}} - x_{\mathrm{MIN}}}$$

这里, 尺度变换方法是线性的, 也可以选择非线性的尺度变换.

4.3.5.2　模糊空间分割

　　模糊量化分割中, 论域的变化范围既可以是均匀的, 也可以是非均匀的, 既可以是离散的, 也可以是连续的, 按所考察对象系统的特性进行选择, 例如, 对于经尺度变换到论域 $[-7,7]$ 范围的输入量, 表 4.1 和表 4.2 给出了均匀量化和非均匀量化的例子.

表 4.1　　均匀量化示例

量化等级	−3	−2	−1	0	1	2	3
变化范围	$(-7, -5]$	$(-5, -3]$	$(-3, -1]$	$(-1, 1]$	$(1, 3]$	$(3, 5]$	$(5, 7]$

表 4.2   非均匀量化示例

量化等级	−3	−2	−1	0	1	2	3
变化范围	$(-7,-4]$	$(-4,-2]$	$(-2,-0.5]$	$(-0.5,0.5]$	$(0.5,2]$	$(2,4]$	$(4,7]$

模糊空间分割也是确定语言变量个数的过程, 在表 4.1 和表 4.2 中, 量化等级均设定为 7 级, 分别为 (−3, −2, −1, 0, 1, 2, 3), 变量个数的多少决定了模糊控制精细化的程度, 也决定了模糊规则的最大可能条数. 例如, 若对两输入单输出的模糊系统, 两个输入语言变量的模糊分割数分别选择为 3 和 7, 则最大可能的规则数为 3×7=21, 模糊语言变量数越多, 控制规则也越多, 因此模糊分割不可太细, 以避免模糊语言变量数目溢出. 但是, 模糊分割数太少将导致控制太过粗略, 难于对控制性能进行精细的调整. 一般来说, 模糊分割的数目仍主要依靠经验和试凑来确定.

与每个语言变量值对应的模糊语言名称, 均具有一定的含义, 通常表示为

(1) NB (Negative Big, 负大)

(2) NM (Negative Medium, 负中)

(3) NS (Negative Small, 负小)

(4) NZ (Negative Zero, 负零)

(5) PZ(Positive Zero, 正零)

(6) PS (Positive Small, 正小)

(7) PM (Positive Medium, 正中)

(8) PB (Positive Big, 正大)

或 N (Negative, 负); Z (Zero, 零); P (Positive, 正), 等.

每个语言名称对应一个模糊集合, 对于每个语言变量, 其取值的模糊集合都具有相同的论域, 在各自的论域上, 可根据实际情况选择模糊隶属度函数.

4.3.5.3 选择模糊隶属度函数

模糊隶属度函数的选择, 可参照 4.3.2 小节常用隶属度函数的性质与特点. 当论域离散且元素个数有限时, 模糊集合的隶属度 (函数) 可用向量或表格的形式表示, 如表 4.3 所示.

对于表中模糊子集 "NS", 由 Zadeh 表示法可写作

$$\mathrm{NS} = \frac{0.3}{-4} + \frac{0.7}{-3} + \frac{1.0}{-2} + \frac{0.7}{-1} + \frac{0.3}{0}$$

同理, 对于输出量的模糊化处理上述步骤也是类似的, 可按尺度变换论域转化、空间分割量化分级、模糊变量名称及数目确定、模糊隶属度选择等过程, 进行相应的输出量数据的模糊化处理, 图 4.8 给出了数据模糊化的一般过程, 假定变量

范围为 $[-330, 330]$, 量化到区间 $[-7, 7]$, 同时选择量化等级为 7, 各模糊子集上的模糊语言变量分别为 NB, NM, NS, ZO, PS, PM, PB, 其中, ZO 表示 "零".

表 4.3   离散隶属度值示例

量化区间隶属度值模糊子集	−6	−5	−4	−3	−2	−1	0	1	2	3	4	5	6
NB	1.0	0.7	0.3	0	0	0	0	0	0	0	0	0	0
NM	0.3	0.7	1.0	0.3	0	0	0	0	0	0	0	0	0
NS	0	0	0.3	0.7	1.0	0.7	0.3	0	0	0	0	0	0
ZO	0	0	0	0	0.3	0.7	1.0	0.7	0.3	0	0	0	0
PS	0	0	0	0	0	0	0.3	0.7	1.0	0.7	0.3	0	0
PM	0	0	0	0	0	0	0	0	0.3	0.7	1.0	0.7	0.3
PB	0	0	0	0	0	0	0	0	0	0	0.3	0.7	1.0

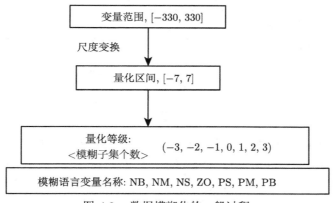

图 4.8   数据模糊化的一般过程

综上所述, 数据库中包括了输入量和输出量的尺度变换因子、量化分割与等级、模糊变量的个数与名称、隶属度函数等信息.

4.3.5.4 规则库设计

规则库与规则推理机相连接, 为模糊推理提供了输入与输出之间的 "模糊关系", 是模糊控制系统的核心内容. 模糊规则来源于专家知识或工业操作人员长期积累的经验总结, 由一系列 "If-Then" 模糊条件语句构成, 是一种基于语义而非数值的自然语言描述方式. 当输入量少于等于 2 时, 可采用表格方式表示模糊控制规则, 如表 4.4 和表 4.5 所示, 非常直观. 图中 x_1, x_2, y 分别表示输入 1、输入 2、输出.

不失一般性, 模糊控制规则设计时应遵循以下原则:

(1) 完备性：对任意的 $x \in X$，在模糊规则库中至少存在一条规则满足 $\mu_{\tilde{B}}^k(x) \neq 0$，$\mu_{\tilde{B}}^k$ 为第 k $(k = 1, 2, \cdots, r)$ 条规则下的结论；

(2) 一致性：模糊 If-Then 规则集合中不存在 "If 部分相同，Then 部分不同" 的规则；

(3) 连续性：邻近规则的 Then 部分模糊交集非空.

表 4.4　两个输入变量的量化等级均为 3 时的模糊控制规则表

y		x_2		
		NB	ZO	PB
x_1	NB	NB	NS	ZO
	ZO	NS	ZO	PS
	PB	ZO	PS	PB

表 4.5　两个输入变量的量化等级均为 5 时的模糊控制规则表

y		x_2				
		NB	NS	ZO	PS	PB
x_1	NB	NB	NB	NS	NS	ZO
	NS	NB	NS	NS	ZO	PS
	ZO	NS	NS	ZO	PS	PS
	PS	NS	ZO	PS	PS	PB
	PB	ZO	PS	PS	PB	PB

规则库采用语言描述控制对象动态特性，可根据环境和数据变化及时调整规则，还可根据经验知识和学习过程对模糊规则进行修改升级.

4.4　模糊控制推理方法

推理机制有两个任务：一是确定与当前输入状态 x_i $(i = 1, 2, \cdots, n)$ 有关的规则，称为规则匹配；二是根据当前输入 x_i 与规则库信息进行推理而得到结论，即规则推理.

4.4.1　规则匹配

考虑有 n 个输入的情况，对于每一个输入 x_i $(i = 1, 2, \cdots, n)$，通过论域上的模糊化，均可得到对应的模糊集合 $\tilde{A}_i$ 及其隶属度函数 $\mu_{\tilde{A}_i^l}(x_i)$，l 为 $\tilde{A}_i$ 中的模糊子集个数，每一个输入 x_i 的模糊集合 $\tilde{A}_i$ 中的模糊子集的个数 (可分别为 $d, h, \cdots, l, \cdots, s$) 并不相同，由 4.3 节模糊化已知，输入量的模糊空间分割需视实际系统而定. 因此，当前状态下，n 个输入 x_n 共同构成了推理的前提部分，即

$$\mu_{\tilde{A}_1^d}(x_1)$$
$$\mu_{\tilde{A}_2^h}(x_2)$$
$$\vdots$$
$$\mu_{\tilde{A}_i^l}(x_i)$$
$$\vdots$$
$$\mu_{\tilde{A}_n^s}(x_n)$$

可以看出, 这里对每一个输入量的隶属度赋值采用单值模糊器, 即 $\mu_{\tilde{A}_i^l}(x_{i\mathrm{true}}) = \mu_{\tilde{A}_i^l}(x_i)$, $x_{i\mathrm{true}} = x_i$, $x_{i\mathrm{true}}$ 为真实值, x_i 为测量值. 采用单值模糊器, 可减少输入模糊隶属度的多重计算步骤, 而将输入的单一隶属度值与规则的前提条件的模糊集合直接考虑, 因而更为简便. 本书内容均以此方法定义模糊隶属度函数.

对于每一条规则 $R^k(k = 1, 2, \cdots, r)$, 输入 x_i $(i = 1, 2, \cdots, n)$ 及 $\mu_{\tilde{A}_i^l}(x_i)$ 构成推理前提, 可得

$$R^k: \quad \mu^k(x_1, x_2, \cdots, x_n) = \mu_{\tilde{A}_1^d}(x_1) * \mu_{\tilde{A}_2^h}(x_i) * \cdots * \mu_{\tilde{A}_i^l}(x_i) * \cdots * \mu_{\tilde{A}_n^s}(x_n) \quad (4.4.1)$$

可以看出, 规则匹配相当于对一个确定的输入, 根据模糊子集与隶属度函数确定与该输入相对应的规则的过程.

4.4.2 规则推理

规则推理包括单条规则蕴涵集推理与全局蕴涵关系集推理. 对于第 k $(k = 1, 2, \cdots, r)$ 条规则, 蕴涵关系所确定推理结论的模糊隶属度函数为

$$R^k: \quad \mu_{\tilde{B}}^k(y) = \mu^k(x_1, x_2, \cdots, x_n) * \mu_{\tilde{B}^t}(y)$$

式中, $\tilde{B}^t$ 是单条蕴涵关系条件下结论 y 的模糊子集. 由于输入量 $x_i(i = 1, 2, \cdots, n)$ 在不同蕴涵条件下具有不同的 $\mu^k(x)$, 可求全局蕴含关系下推理结论的隶属度函数

$$\mu_{\tilde{B}}(y) = \mu_{\tilde{B}}^1(y) \oplus \mu_{\tilde{B}}^2(y) \oplus \cdots \oplus \mu_{\tilde{B}}^k(y) \oplus \cdots \oplus \mu_{\tilde{B}}^r(y) \quad (4.4.2)$$

由 Zadeh 规则推理合成的方法 (Zadeh, 1965, 1973), 推理演算中的 "$*$" 可由取最小 "$\wedge$" 或 "乘积" 计算, "$\oplus$" 可取最大 "$\vee$" 或 "加法" 计算, 因而也构成了最常用的两种规则推理方法——最小最大重心法和代数积加法平均法.

4.4.3 最小最大重心法推理

最小最大重心法推理法, 是在规则匹配步骤中采用 "取最小" 法则, 在规则推理步中采用取 "$\vee$" 及重心法的推理方法.

对图 1.2 所示的小车倒立摆系统, 有如控制规则表 (表 3.1), 当输入状态为 $e = 0$, 且 $\dot{e} = -\dfrac{\pi}{32}$ 时, 如图 4.9 所示. 在输入论域的模糊子集上, 可得如图 4.10 所示的输入隶属度函数.

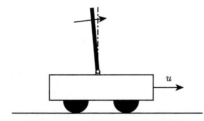

图 4.9   小车倒立摆状态图例

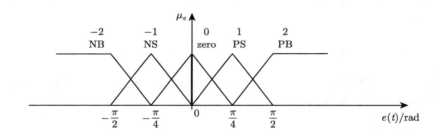

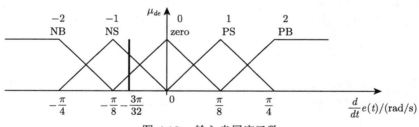

图 4.10   输入隶属度函数

直观地, $\mu_{\text{zero}}(0) = 1$, $\mu_{\text{zero}}\left(\dot{e} = -\dfrac{\pi}{32}\right) = 0.25$, $\mu_{\text{NS}}\left(\dot{e} = -\dfrac{\pi}{32}\right) = 0.75$, 因而满足两条规则.

模糊规则 1: If 误差为零, 且误差变化为零, Then 控制力为零.

如表 4.6 所示的模糊控制规则表中加黑虚线框的规则 1.

由式 (4.4.1) 求取该条规则下的推理结论, 此处运算 "∗" 选择取 "最小值", 即

$$\mu^1 = \mu_{\text{zero}}(e = 0) \wedge \mu_{\text{zero}}\left(\dot{e} = -\frac{\pi}{32}\right)$$

表 4.6　　模糊控制规则表中的规则 1

μ		de				
		-2	-1	0	1	2
	-2	-2	2	2	1	0
	-1	2	2	1	0	-1
e	0	2	1	0	-1	-2
	1	1	0	-1	-2	-2
	2	0	-1	-2	-2	-2

因而以 $\mu_{\mathrm{zero}}\left(\dot{e}=-\dfrac{\pi}{32}\right)$ 的隶属度值为该条规则推理所得结论的隶属度函数值, 即

$$\mu^1 = 0.25$$

图 4.11 为推理过程示意图.

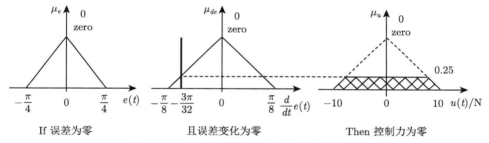

If 误差为零　　　　　　　　且误差变化为零　　　　　　　Then 控制力为零

图 4.11　　模糊控制规则推理 1 最小法图示

同理,

模糊规则 2: If 误差为零, 且误差变化为负小, Then 作用力为正小.

如表 4.7 所示的模糊控制规则表中加黑虚线框的规则 2.

表 4.7　　模糊控制规则表中的规则 2

μ		de				
		-2	-1	0	1	2
	-2	2	2	2	1	0
	-1	2	2	1	0	-1
e	0	2	1	0	-1	-2
	1	1	0	-1	-2	-2
	2	0	-1	-2	-2	-2

类似地, 对于匹配的第 2 条规则, 由式 (4.4.1) 求取该条规则下的推理结论, 此处运算 "∗" 选择取 "最小值", 因而以

$$\left(\mu_{\mathrm{zero}}(0) = 1\right) \wedge \left(\mu_{\mathrm{zero}}\left(-\frac{\pi}{32}\right) = 0.75\right)$$

的隶属度值为该条规则推理所得结论的隶属度函数值, 即

$$\mu^2\left(0, -\frac{\pi}{32}\right) = 0.75$$

图 4.12 为推理过程示意图.

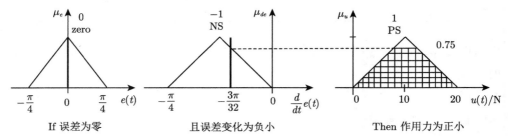

图 4.12　模糊控制规则推理 1 最小法图示

规则推理步骤由重心法 (Center of Gravity, COG) 演算, 即

$$u = \frac{\sum_k b^k \int \mu^k(u)du}{\sum_k \int \mu^k(u)du} \tag{4.4.3}$$

式中, b^k 为第 k $(k = 1, 2, \cdots, r)$ 条规则下蕴涵关系所确定结论模糊子集 $\tilde{B}^k$ 隶属度函数的中心值, $\int \mu^k du$ 为隶属度函数 μ^k 下的面积.

对于上述两条规则, 规则推理步骤采用取 "∨" 和重心法演算, 图 4.13 给出了模糊蕴涵集合图示, 其中

$$b^1 = 0$$

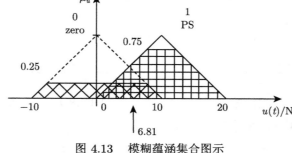

图 4.13　模糊蕴涵集合图示

且
$$b^2 = 10$$

计算两个阴影梯形的面积, 可得控制结论——输出量

$$u = \frac{(0)(4.375) + (10)(9.375)}{4.375 + 9.375} = 6.81$$

4.4.4 代数积加法平均法推理

代数积加法平均推理法, 是在规则匹配步骤中采用代数积的法则, 在规则推理步骤中则采用取最大值及重心法的推理方法.

对于第一条规则, 由式 (4.4.1) 求取该条规则下的推理结论, 此处运算 "∗" 选择取 "代数积", 即

$$\mu^1 = \mu_{\text{zero}}(e = 0) \times \mu_{\text{zero}}\left(\dot{e} = -\frac{\pi}{32}\right)$$

可得

$$\mu^1 = 1 \times 0.25 = 0.25$$

推理过程表示如图 4.14 所示.

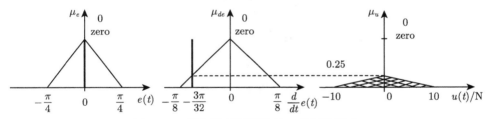

图 4.14   模糊控制规则推理 1 乘积法图示

同理, 对于第二条法则, 由代数积

$$\mu^2 = (\mu_{\text{zero}}(0) = 1) \times \left(\mu_{\text{zero}}\left(-\frac{\pi}{32}\right) = 0.75\right)$$

可得

$$\mu^2 = 0.75$$

推理过程表示如图 4.15 所示.

规则推理步骤采用取 "∨" 和中心平均法 (Center of Average) 演算

$$u = \frac{\sum\limits_{k} \mu^k(u) \cdot b^k}{\sum\limits_{k} \mu^k(u)} \tag{4.4.4}$$

式中, b^k 为第 k $(k = 1, 2, \cdots, r)$ 条规则下蕴涵关系所确定结论模糊子集 $\tilde{B}^k$ 隶属度函数的中心值.

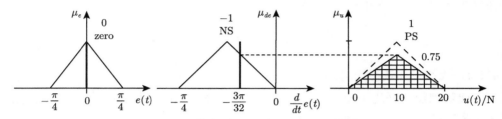

图 4.15　模糊控制规则推理 2 乘积法图示

对于上述两条规则, 由代数积加法中心平均法推理可得控制量输出结论, 模糊蕴涵集合如图 4.16 所示.

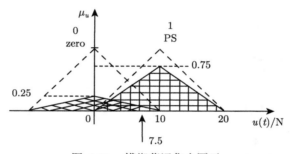

图 4.16　模糊蕴涵集合图示

这里, 计算两个阴影三角形的面积, 可得控制结论——输出量

$$u = \frac{(0)(2.5) + (10)(7.5)}{2.5 + 7.5} = 7.5$$

可以看出, 根据最小最大重心法与代数积加法平均法求得的输出控制量是不同的, 但此时尚无法判定选择哪一种方法性能更好. 在实际控制中, 由于设计过程多个步骤中可选用参数和方法较多, 因而需要根据对象系统和环境条件的情况综合比较以选择更适宜的设计方法.

4.4.5　模糊关系合成推理法

模糊关系合成法推理的理论基础为第 2 章介绍的模糊关系合成. 在推理过程中, 先提取输入量与输出量之间的模糊关系, 建立模糊控制规则库, 当输入量的状态发生变化时, 根据模糊关系合成求取控制量.

当所考察对象可以提取为 2 输入 1 输出时, 其关系合成推理中的模糊控制规则, 常常可以表示为控制规则表的形式, 即查询表, 由系统状态变化可直接通过查询的方式求得控制量, 其一般形式为

$$\text{If } \tilde{A}_{j1} \text{ and } \tilde{A}_{j2}, \text{ Then } \tilde{B}_j$$

式中, j 为简单条件语句的数目, $j = 1, 2, \cdots, m$. 设有 r 条模糊控制规则, 每条规则对应的模糊关系为

$$R^1 = \bigcup_{j=1}^{m} A_{j1}^1 \times A_{j2}^1 \times B_j^1$$
$$R^2 = \bigcup_{j=1}^{m} A_{j1}^2 \times A_{j2}^2 \times B_j^2$$
$$\cdots$$
$$R^k = \bigcup_{j=1}^{m} A_{j1}^k \times A_{j2}^k \times B_j^k$$
$$\cdots$$
$$R^r = \bigcup_{j=1}^{m} A_{j1}^r \times A_{j2}^r \times B_j^r$$

式中, $k = 1, 2, \cdots, r$, 其合成关系为

$$R = \bigcup_{j=1, \ k=1}^{j=m, \ k=r} (A_{j1}^k \times A_{j2}^k) \times B^k = \bigcup_{j=1, \ k=1}^{j=m, \ k=r} R^k$$

若 $A_{j1}(j = 1, 2, \cdots, m)$ 对应的量化后的论域 X 为

$$\{-p, \ -p+1, \ \cdots, \ 0, \ \cdots, \ p-1, \ p\}$$

则对输入值 x, 量化后的值必为该论域 X 中的元素, 也就是说, x 量化后对应的模糊量 X 为以下 $2p+1$ 个模糊量中的一个

$$X_1 = \frac{1}{-p} + \frac{0}{-p+1} + \cdots + \frac{0}{0} + \cdots + \frac{0}{p-1} + \frac{0}{p}$$
$$X_2 = \frac{0}{-p} + \frac{1}{-p+1} + \cdots + \frac{0}{0} + \cdots + \frac{0}{p-1} + \frac{0}{p}$$
$$\cdots$$
$$X_{2p} = \frac{0}{-p} + \frac{0}{-p+1} + \cdots + \frac{0}{0} + \cdots + \frac{1}{p-1} + \frac{0}{p}$$

$$X_{2p+1} = \frac{0}{-p} + \frac{0}{-p+1} + \cdots + \frac{0}{0} + \cdots + \frac{0}{p-1} + \frac{1}{p}$$

同理, 设若 $A_{j2}(j=1,2,\cdots,m)$, 对应的量化后的论域 Y 为

$$\{-q,\ -q+1,\ \cdots,\ 0,\ \cdots,\ q-1,\ q\}$$

则对输入值 y, 量化后的值必为该论域中的元素, 也就是说, y 量化后对应的模糊量 Y 必为以下 $2q+1$ 个模糊量中的一个

$$Y_1 = \frac{1}{-q} + \frac{0}{-q+1} + \cdots + \frac{0}{0} + \cdots + \frac{0}{q-1} + \frac{0}{q}$$

$$Y_2 = \frac{0}{-q} + \frac{1}{-q+1} + \cdots + \frac{0}{0} + \cdots + \frac{0}{q-1} + \frac{0}{q}$$

$$\cdots$$

$$Y_{2q} = \frac{0}{-q} + \frac{0}{-q+1} + \cdots + \frac{0}{0} + \cdots + \frac{1}{q-1} + \frac{0}{q}$$

$$Y_{2q+1} = \frac{0}{-q} + \frac{0}{-q+1} + \cdots + \frac{0}{0} + \cdots + \frac{0}{q-1} + \frac{1}{q}$$

再设 $B_j(j=1,2,\cdots,m)$ 对应的量化后的论域 Z 为

$$\{-s,\ -s+1,\ \cdots,\ 0,\ \cdots,\ s-1,\ s\}$$

那么, 由模糊关系 R, 根据输入值 x,y, 可由模糊关系合成求出对应的模糊控制量 B^k,

$$B^k = \bigcup_{j=1}^{m}(A_{j1} \times A_{j2}) \circ R$$

在求出了模糊控制量 B^k 后, 若以最大隶属度法进行清晰化处理, 则可以获得 B^k 对应的论域上隶属度最大的元素, 这个元素就是控制量的清晰值.

将输入变量的量化后论域的所有组合作为输入, 依次求出全部相应的控制量清晰值, 共 $(2p+1) \times (2q+1)$ 组. 若以 A_1 的论域 X 为行, A_2 的论域 Y 为列, 以对应的控制量 B^k 的清晰值为交点, 则可得到模糊控制表, 即控制查询表, 如表 4.8 所示. 表中, $p=6, q=6, s=9$, 可得 $r=(2p+1) \times (2q+1)=13 \times 13=169$, 共计 169 条规则.

表 4.8　模糊控制查询表例

B		A_2												
		−6	−5	−4	−3	−2	−1	0	1	2	3	4	5	6
A_1	−6	−9	−9	−9	−9	−8	−7	−6	−5	−4	−3	−2	−1	0
	−5	−9	−9	−9	−8	−7	−6	−5	−4	−3	−2	−1	0	1
	−4	−9	−9	−8	−7	−6	−5	−4	−3	−2	−1	0	1	2
	−3	−9	−8	−7	−6	−5	−4	−3	−2	−1	0	1	2	3
	−2	−8	−7	−6	−5	−4	−3	−2	−1	0	1	2	3	4
	−1	−7	−6	−5	−4	−3	−2	−1	0	1	2	3	4	5
	0	−6	−5	−4	−3	−2	−1	0	1	2	3	4	5	6
	1	−5	−4	−3	−2	−1	0	1	2	3	4	5	6	7
	2	−4	−3	−2	−1	0	1	2	3	4	5	6	7	8
	3	−3	−2	−1	0	1	2	3	4	5	6	7	8	9
	4	−2	−1	0	1	2	3	4	5	6	7	8	9	9
	5	−1	0	1	2	3	4	5	6	7	8	9	9	9
	6	0	1	2	3	4	5	6	7	8	9	9	9	9

4.5　逆模糊化

　　将模糊推理得到的控制量 (模糊量) 变换为实际用于控制的清晰量的过程, 称为逆模糊化. 这里的 "逆", 指的是相对于模糊化——"将一个清晰量转变为一个模糊量" 的逆过程. 常用的逆模糊化方法有最大值法、平均法和重心法等.

4.5.1　最大值法

　　论域 Y $(Y \subset R)$ 上的模糊集 B 向清晰点 $u^* \in Y$ 的映射, 称为逆模糊化. 逆模糊化的任务是确定一个最能代表模糊集合 B 的 Y 上的点.

　　最大值法逆模糊化, 是直接将输出量模糊子集隶属度函数的峰值作为输出确定值, 即选择 Y 上的 $\mu_B(u)$ 取到最大值的点, 作为清晰量 u^*,

$$u^* = \left\{ \sup_{u \in Y} \mu_B(u) \right\} \tag{4.5.1}$$

式中, "$\sup \mu(x)$" 表示取到函数 $\mu(x)$ 的最大值 (上确界) 作为返回值赋给 x, 如图 4.17 所示. 例如, 模糊控制器的输出模糊子集是

$$\mu_B(y) = \frac{0.1}{2} + \frac{0.4}{3} + \frac{0.7}{4} + \frac{1.0}{5} + \frac{0.7}{6} + \frac{0.3}{7}$$

显然, 这里隶属度最大值的元素是 $y^* = 5$, 因此选择量级 5 作为输出控制量的清晰值.

如果有多个相邻元素的隶属度值为最大, 则可取其平均值, 例如, 模糊控制器的模糊输出子集是

$$\mu_B(y) = \frac{0.1}{2} + \frac{0.4}{3} + \frac{0.7}{4} + \frac{1.0}{5} + \frac{1.0}{6} + \frac{0.3}{7}$$

则控制量的清晰值可取隶属度最大值元素的平均值 $y^* = (5+6)/2 = 5.5$.

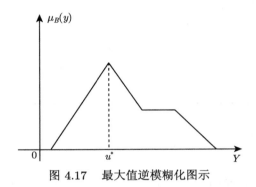

图 4.17 最大值逆模糊化图示

如果有多个元素的隶属度值都取到最大值, 但并不相邻, 则不宜采用求平均的方法, 需考虑选用其他方法.

最大值逆模糊化法的优点是直观, 运算简便, 能够突出主要信息, 但较粗糙, 丢失的次要信息可能包含了关键要素, 因而适用于性能要求较一般的模糊系统的逆模糊化过程.

4.5.2 重心法

重心法 (Center of Gravity) 也称为面积中心法 (Center of Area), 是逆模糊化中最常用的方法. 重心法解模糊化所确定的 u^* 是模糊集 B 的隶属度函数所覆盖区域的中心

$$u^* = \frac{\sum_k b^k \int_Y \mu_{B^k}(u)\,du}{\int_Y \mu_{B^k}(u)\,du} \tag{4.5.2}$$

式中, $\int$ 表示输出模糊子集所有元素的隶属度在论域 Y 上的代数积分, k 指的是第 k 条规则, $k = 1, 2, \cdots, r$, μ_{B^k} 为第 k 条规则下结论的隶属度值, b^k 为第 k 条规则下输出量隶属度函数的中心, 若采用三角隶属度函数, 则为三角形隶属度函

数的中心点. $\int_Y \mu_{B^k}(u)\,du$ 为隶属度曲线 $\mu_{B^k}(u)$ 所覆盖的区域, 有

$$\int_Y \mu_{B^k}(u)\,du \neq 0$$

逆模糊化所得中心点 u^* 纵线左右两边面积相等, 如图 4.18 所示.

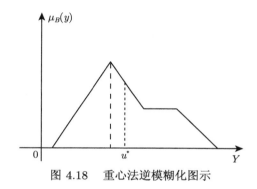

图 4.18 重心法逆模糊化图示

重心法解模糊化包含了输出模糊子集所有元素的信息, 因而较准确, 应用也最普遍.

4.5.3 中心平均法

模糊系统逆模糊化方法有多种方式, 中心平均法解模糊化计算式为

$$u^* = \frac{\sum\limits_{k} b^k \mu_{B^k}}{\sum\limits_{k} \mu_{B^k}} \tag{4.5.3}$$

式中, $k = 1, 2, \cdots, r$, r 为规则数, μ_{B^k} 为第 k 条规则下结论的隶属度值, b^k 为第 k 条规则下输出量隶属度函数的中心, 若输出隶属度函数为高斯函数, 则 b^k 为其中心值 $c_{高斯}$, 中心平均法求解过程可参考图 4.19, 为便于理解, 图中直观地给出了输出量模糊隶属度函数为对称的情况.

注意到对所有 μ_{B^k}, 由规则设计有

$$\sum_{k} \mu_{B^k} \neq 0$$

因此, 输出量隶属度函数的形状特点对中心平均解模糊法的应用并无影响.

由逆模糊的后两种方法——重心法和中心平均法可以看出, 其与规则推理的计算方法部分相近, 这是因为, 逆模糊计算也是一个复杂的过程. 在实际控制中, 由于在控制进程中与规则推理相连, 因而可以采用相似的计算方式, 获得输出量及其清晰的量化结果.

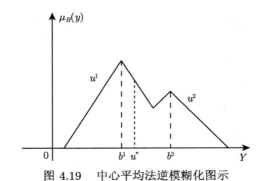

图 4.19　中心平均法逆模糊化图示

例 1　已知输出量 y_1, y_2 的模糊集合分别为

$$B_1 = \frac{0.1}{2} + \frac{0.4}{3} + \frac{0.7}{4} + \frac{1.0}{5} + \frac{0.7}{6} + \frac{0.3}{7}, \quad B_2 = \frac{0.3}{-4} + \frac{0.8}{-3} + \frac{1.0}{-2} + \frac{1.0}{-1} + \frac{0.8}{0} + \frac{0.3}{1} + \frac{0.1}{2}$$

根据中心平均法, 相应的清晰量 y_{10}, y_{20} 分别为

$$y_{10} = \frac{0.1 \times 2 + 0.4 \times 3 + 0.7 \times 4 + 1.0 \times 5 + 0.7 \times 6 + 0.3 \times 7}{0.1 + 0.4 + 0.7 + 1.0 + 0.7 + 0.3} = 4.84$$

$$y_{20} = \frac{0.3 \times (-4) + 0.8 \times (-3) + 1.0 \times (-2) + 1.0 \times (-1) + 0.8 \times 0 + 0.3 \times 1 + 0.1 \times 2}{0.3 + 0.8 + 1 + 1 + 0.8 + 0.3 + 0.1}$$

$$= -1.42$$

与模糊化过程相对应, 逆模糊化过程也包括两个步骤:

(1) 将模糊的控制量变换成表示在论域范围的清晰量;

(2) 将表示在论域范围的清晰量经尺度变换转换为实际控制量.

这里只给出步骤 (1) 的逆模糊化典型方法, 步骤 (2) 可参照尺度变换相应过程求解, 此处不再赘述.

4.5.4　小车倒立摆模糊控制

本章在介绍模糊控制系统与设计的各环节过程中, 以小车倒立摆模型为例进行了详细讨论与分析, 本小节将给出初步的控制结果, 为此, 需设定模型参数, 并选择模糊化、逆模糊化及推理方法等.

考察图 1.2 所示的小车倒立摆系统, 这里采用三角隶属度函数、单值模糊器、最小-最大推理法和重心法逆模糊化, 当小车质量 $M = 1.0$kg, 摆杆质量 $m = 0.1$kg, 摆杆质心到转动中心的长度 $l = 0.5$m, 重力加速度 $g = 9.8$m/s^2 时, 在摆杆初始角度为 0.2rad 的条件下, 可得控制结果如图 4.20 所示.

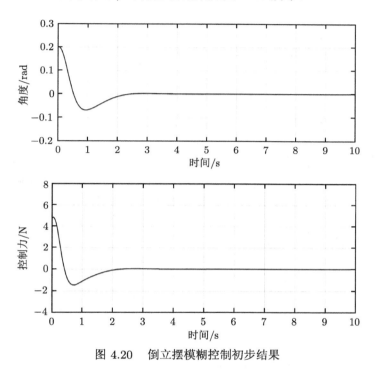

图 4.20 倒立摆模糊控制初步结果

为便于与 PID 方法的控制效果进行对比, 图 4.21 给出了相同条件下 PID 控制的结果. 可见, 此时摆杆与控制力振荡较为明显.

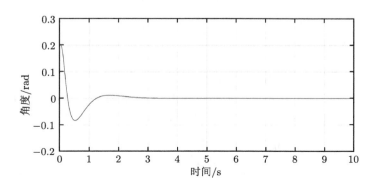

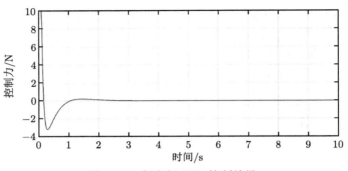

图 4.21　倒立摆 PID 控制结果

4.5.5　论域增益调节

　　增益调节是控制过程常用的一种参数调节方式, 考虑到图 4.20 中控制时间较长, 可以通过调节增益的方式来加快达到平衡状态的过程. 由于模糊集合的论域转换, 对图 4.2 中的模糊控制器, 可在控制器之前加入对两个输入量的增益调节因子 g_0, g_1, 同时, 在控制量 $u(t)$ 之前也加入了论域增益调节因子 g_2, 图 4.22 给出了论域增益调节的模糊控制框图.

图 4.22　论域增益调节的模糊控制框图

　　选择增益 $g_0 = 1$, $g_1 = 0.1$, $g_2 = 1$, 考察论域增益对控制的影响, 如图 4.23, 可以看出控制角度响应更快, 控制力曲线更平滑.

　　当选择 $g_0 = 2$, $g_1 = 0.1$, $g_2 = 1$ 时, 考察增益因子变化对控制效果的影响, 图 4.24 为控制结果图线, 可以看出, 与图 4.23 对比, 控制系统的响应更迅速. 当 g_2 变化时, 同理, 也可得出其对于控制性能的影响, 若当 $g_0 = 2$, $g_1 = 0.1$, $g_2 = 2$ 时, 如图 4.25, 可观察得出此时系统的响应变得更快了.

　　模糊控制器中, 调增益因子用以提升控制性能, 其理论基础在于, 变化的增益因子起到了在各参量的论域上扩增或减缩的作用. 譬如, 当 $g_0 = 1$, $g_1 = 0.1$, $g_2 = 1$ 时, $g_1 = 0.1$ 相当于在参量 $\dfrac{d}{dt}e(t)$ 的论域范围内作用 $1/g_1$, 相当于一个微分因子, 以图 4.10 的倒立摆输入变量的三角隶属度函数为例, 增益因子对隶属度函数的扩增如图 4.26 所示. 对于本例中的 g_1, 有

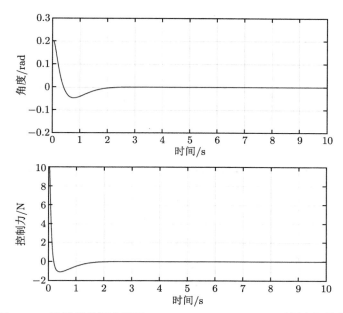

图 4.23 论域增益调节因子 $g_0 = 1, g_1 = 0.1, g_2 = 1$ 时倒立摆控制

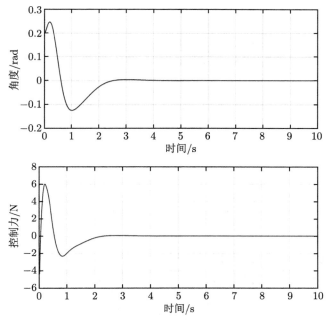

图 4.24 论域增益调节因子 $g_0 = 2, g_1 = 0.1, g_2 = 1$ 时倒立摆控制

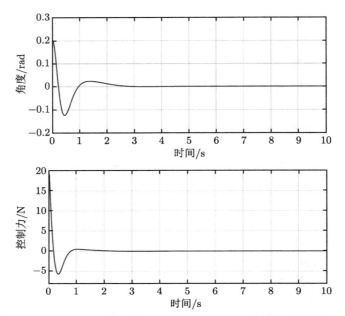

图 4.25　论域增益调节因子 $g_0 = 2, g_1 = 0.1, g_2 = 2$ 时倒立摆控制

(1) $g_1 = 1$, 无影响;

(2) $g_1 < 1$, 等效于论域上语言值的扩增, 代表了更大的数值;

(3) $g_1 > 1$, 等效于论域上语言值的减缩, 由此产生了更小的数值, 用于控制.

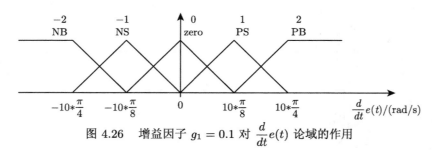

图 4.26　增益因子 $g_1 = 0.1$ 对 $\frac{d}{dt}e(t)$ 论域的作用

类似地, 考虑 g_0 和 g_2 的作用过程, 由于这两个增益因子分别直接作用在变量 $e(t)$, $u(t)$ 上, 相当于控制工程中常见的比例增益, 其作用影响在图 4.24 和图 4.25 中已经给出, 这里不再重复. 需要注意的是, 通过调节增益改变系统控制的响应速度, 也就是对于 g_0, g_1 和 g_2 的选择, 均需要合理选择实际系统有效的控制范围, 以免进入饱和状态.

4.6 圆台倒立摆模糊控制系统设计

倒立摆结构通常由小车、摆杆、水平导轨或旋转圆台等器件组成, 虽结构较为简单, 但随着倒立摆级数的增加, 倒立摆系统具有的多变量、冗余、强非线性和强耦合的特征愈发明显, 属于一个绝对不稳定的系统, 必须采用与其非线性特性相适应的控制策略才可使之稳定. 本节以圆台倒立摆系统为例给出模糊控制系统设计.

4.6.1 圆台倒立摆系统建模

前述章节给出的小车倒立摆模型是最常见的一类倒立摆结构, 圆台倒立摆的摆杆连接在一个可转动的基座上, 如图 4.27 所示.

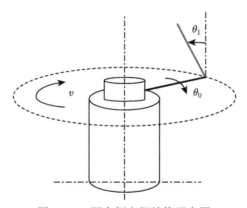

图 4.27　圆台倒立摆结构示意图

已经知道, 对于采用智能控制技术与方法的系统, 无须建立对象系统的精确数学模型, 但是, 通过适当的动力学分析, 可以获知对象系统的更多特性, 因而, 建立相应的数学模型将对更多地了解系统和设计控制器提供帮助.

首先, 确定圆台倒立摆模糊控制系统的输入变量与输出变量, 输入量有四个, 分别为旋臂的角度 θ_0 与角加速度 $\dot{\theta}_0$、倒立摆的角度 θ_1 与角加速度 $\dot{\theta}_1$, 选择旋臂电机电压 u 为控制量, 设计模糊控制器.

对于圆台倒立摆系统, 代入 Lagrange 方程

$$\frac{d}{dt}\left(\frac{\partial T}{\partial \dot{q}_i}\right) - \frac{\partial T}{\partial q_i} + \frac{\partial V}{\partial q_i} = F_i, \quad i = 1, \cdots, N \tag{4.6.1}$$

建立系统的运动微分方程, 式中, N 为系统自由度, q_i 为广义坐标, $\dot{q}_i$ 为广义坐标表示下的速度.

取物理坐标如图 4.27 所示, m 为摆杆质量, L 为摆杆质心到转轴的长度, r 为旋臂的长度, 可求得系统的动能和势能分别为

$$T = \frac{J_1 \dot{\theta}_0^2}{2} + \frac{2mL^2\dot{\theta}_1^2}{3} + \frac{mr\theta_0^2}{2} - mr\dot{\theta}_0 L \cos\theta_1(\dot{\theta}_1), \quad V = mgL\cos\theta_1$$

其中, $J_1 = mL^2/3$, 若设 $x_1 = \theta_0$, $x_2 = \dot{\theta}_0$, $x_3 = \theta_1$, $x_4 = \dot{\theta}_1$, 代入 Lagrange 方程 (4.6.1), 可得

$$\dot{x}_1 = x_2$$

$$\dot{x}_2 = -a_p x_2 + \frac{3a_p rg}{4}x_3 + K_p u$$

$$\dot{x}_3 = x_4$$

$$\dot{x}_4 = -\frac{3ra_p}{4L}x_2 + \frac{3(J_1 + mr^2)a_p}{4L}x_3 + \frac{3rK_p}{4}u \tag{4.6.2}$$

式中, $a_p = \dfrac{4}{4J_1 + mr^2}$, K_p 为力矩-电压比, $K_p = 74.89\mathrm{rad}\cdot\mathrm{s}^{-2}\cdot\mathrm{V}^{-1}$, 是与控制电机有关的参数. 对圆台倒立摆在初始平衡点位置 (即 $\theta_1 = 0$) 线性化, 并给定各参量值 $m = 0.11\mathrm{kg}$, $L = 0.16\mathrm{m}$, $r = 0.1\mathrm{m}$, 可得如下模型

$$\begin{bmatrix} \dot{x}_1 \\ \dot{x}_2 \\ \dot{x}_3 \\ \dot{x}_4 \end{bmatrix} = \begin{bmatrix} 0 & 1 & 0 & 0 \\ 0 & -17.36 & 49.58 & 0 \\ 0 & 0 & 0 & 1 \\ 0 & -4.67 & 27.26 & 0 \end{bmatrix} \begin{bmatrix} x_1 \\ x_2 \\ x_3 \\ x_4 \end{bmatrix} + \begin{bmatrix} 0 \\ 27.38 \\ 0 \\ 8.20 \end{bmatrix} u$$

4.6.2　圆台倒立摆模糊控制设计

圆台倒立摆模糊控制系统框图如图 4.28, 旋臂和倒立摆的转角及转角的变化为系统的输入, 也是模糊控制器的输入, 其增益因子分别为 g_1, g_2, g_3, g_4, 用来调整并增强控制性能.

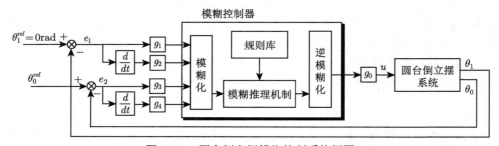

图 4.28　圆台倒立摆模糊控制系统框图

对于由 4 个输入构成的模糊控制器, 若每一输入变量的模糊空间分割为 7, 可能产生的控制规则将有 $7^4 = 2401$ 条, 规则编辑将过于复杂, 执行时间将会过长, 造成实时控制效果变差, 而且, 由于推理耗时过长, 控制输出量对动态变化快的系统起反作用, 甚至会造成失稳或崩溃. 由于使摆杆保持在平衡状态为本系统的控制目标, 因而可选倒立摆杆的转角及其变化作为模糊控制器的输入量, 以减少控制规则条数增强系统的实时性. 对于旋臂圆台, 则可采用传统控制如 PID 控制方式, 这样既充分利用了模糊控制基于知识经验的智能策略, 又达到了实时性要求.

选择三角隶属度函数、单值模糊器和重心逆模糊化设计模糊控制器, 摆杆角位移 θ_1 及角速度 $\dot{\theta}_1$ 两语言变量 E, EC 的论域分别为 $[-\pi/15, \pi/15](\text{rad})$, $[-\pi/15, \pi/15](\text{rad/s})$, 输出控制量论域为 $[-2.1, 2.1](\text{V})$, 均划分为 7 个模糊子空间, 模糊控制规则如表 4.9 所示.

表 4.9　圆台倒立摆模糊控制规则表

u		EC						
		NB	NM	NS	ZO	PS	PM	PB
	NB	NB	NB	NB	NM	NM	NS	ZO
	NM	NB	NB	NM	NM	NS	ZO	ZO
	NS	NB	NM	NS	NS	ZO	ZO	PS
E	ZO	NM	NS	N	ZO	PS	PS	PM
	PS	NS	NS	ZO	ZO	PS	PM	PB
	PS	ZO	ZO	PS	PM	PM	PB	PB
	PB	ZO	PS	PS	PM	PB	PB	PB

4.6.3　圆台倒立摆控制结果与分析

为验证控制效果, 假设偏离平衡位置的初值为 $[0, 0, 0.05, 0]$, 控制结果如图 4.29 所示, 摆杆控制过程如图 4.29(a), 旋臂转角控制过程如图 4.29(b), 可以看出, 摆杆和旋臂受到控制, 在较短时间内保持在平衡位置附近.

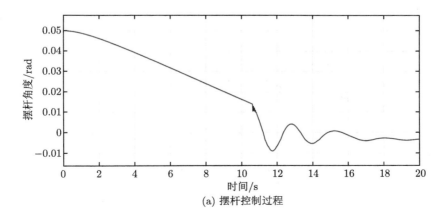

(a) 摆杆控制过程

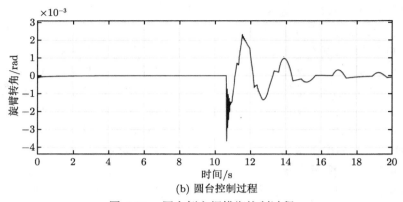

(b) 圆台控制过程

图 4.29　圆台倒立摆模糊控制过程

经调试, 增益因子设置为 $g_0 = 0.5, g_1 = 10, g_2 = 0.1$ 可获得较好的控制性能.

4.7　本章小结

本章详细介绍了模糊控制系统的组成与设计, 通过输入输出量选择及其模糊化、隶属度函数选取、模糊规则提取、模糊推理机制与逆模糊化等过程, 给出了直接模糊控制器的基本设计, 并结合典型的小车倒立摆模糊控制例, 详解各步骤并讨论了隶属度函数、论域参数调节因子等因素的影响, 有助于读者对模糊控制器及其工作机理的深入理解. 最后针对圆台倒立摆模糊控制系统, 在建模与非线性分析的基础上, 讨论了控制结果. 本章也是后续章节的基础, 对于本章内容的较好掌握, 将有助于第 6 章 T-S 函数型模糊模型、第 7 章模糊系统辨识等内容的理解和应用.

思　考　题

4.1　模糊控制系统由哪几部分构成, 每一部分的作用是什么?

4.2　请简要说明两类模糊模型的特点, 并回答二者有何区别.

4.3　模糊化的一般过程是什么, 谈谈应当如何选择隶属度函数.

4.4　若有一模糊控制器的输出模糊子集 A 为

$$A = \frac{0}{1} + \frac{0.33}{2} + \frac{0.67}{3} + \frac{1}{4} + \frac{1}{5} + \frac{0.75}{6} + \frac{0.5}{7} + \frac{0.25}{8} + \frac{0}{9}$$

试用最大隶属度法、加权平均法求解反模糊化数值结果.

4.5　如下图所示小车倒立摆系统, 考虑单摆的倒立平衡控制. 假设施加在小车上的作用力 f 和单摆相对于垂直方向的摆角 α 的正方向如下图所示, 取归一化后的摆角误差 E 和角速度

误差 DE 作为输入、归一化后的作用力 F 作为输出, 相应的隶属度函数如下图. 请完成下面的实现单摆倒立平衡的模糊控制规则表, 并请回答, 规则控制表的设定与被控参量正方向的选取有关吗? 方向的选择对最终的控制有影响吗, 为什么?

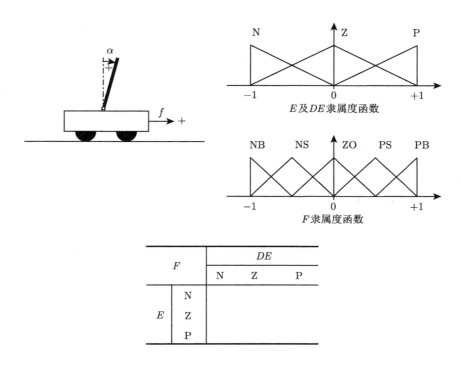

E 及 DE 隶属度函数

F 隶属度函数

	F	DE		
		N	Z	P
E	N			
	Z			
	P			

参 考 文 献

林燕清, 傅仰耿. 2018. 基于改进相似性度量的扩展置信规则库规则激活方法. 中国科学技术大学学报, 48(1): 20-27.

诸静. 2005. 模糊控制理论与系统原理. 北京: 机械工业出版社.

Cara A B, Wagner C, Hagras H, et al. 2013. Multiobjective optimization and comparison of nonsingleton type-1 and singleton interval type-2 fuzzy logic systems. IEEE Trans. Fuzzy Syst., 21(3): 459-476.

Mamdani E H, Assilian S. 1975. An experiment in linguistic synthesis with a fuzzy logic controller. Int. J. Man. Mach. Stud., 7(1): 1-13.

Ortega N R S, de Barros L C, Massad E. 2001. A fuzzy epidemic model based on gradual rules and extension principle. Proc. Joint 9th IFSA World Congress and 20th NAFIPS Inter. Conf., Vancouver, Canada, v4: 2287-2288.

Passino K M, Yurkovich S. 1998. Fuzzy Control. Reading, MA: Addison-Wesley.

Pourabdollah A, Wagner C, Aladi J, et al. 2016. Improved uncertainty capture for nonsingleton fuzzy Systems. IEEE Trans. Fuzzy Syst., 24(6): 1513-1524.

Sugeno M. 1999. On stability of fuzzy systems expressed by fuzzy rules with singleton consequents. IEEE Trans. Fuzzy Syst., 7(2): 201-224.

Sugeno M, Kang G T. 1988. Structure identification of fuzzy model. Fuzzy Sets Syst., 28(1): 15-33.

Sugeno M, Yasukawa T. 1993. A fuzzy-logic-based approach to qualitative modeling. IEEE Trans. Fuzzy Syst., 1(1): 7-31.

Takagi T, Sugeno M. 1985. Fuzzy identification of systems and its applications to modeling and control. IEEE Trans. Syst. Man, Cybem., 15(1): 116-132.

Wang L X. 1992. Fuzzy systems are universal approximators. 1992 Proceedings IEEE Conf. Fuzzy Systems: 1163-1170.

Wang T C, Tong S C, Yi J Q, et al. 2015. Adaptive inverse control of cable-driven parallel system based on type-2 fuzzy logic systems. IEEE Trans. Fuzzy Systems, 23(5): 1803-1816.

Zadeh L A. 1965. Fuzzy sets. Information and Control, 8(3): 338-353.

Zadeh L A. 1973. Outline of a new approach to the analysis of complex systems and decision processes. IEEE Trans. Syst. Man, Cybern., 3(1): 28-44.

第 5 章　模糊分类与聚类

模糊集理论扩展了经典集合论中关于精确数字和精确关系的范畴, 将模糊性和不明确性引入精确表达的数据关系中, 为人工智能的研究和应用提供了多样化的技术手段. 模糊逻辑与推理不仅在智能信息控制方面具有重要作用, 在智能信息处理方面, 以模糊集与模糊逻辑为基础的模糊分类, 也同样展现出其作为人工智能主要方法的独特作用.

本章围绕模糊隶属度在模糊分类中的应用过程, 介绍模糊分类与聚类中的模糊概念和方法, 包括模糊分类在无监督、度量、非参数和非线性分类中的多种应用. 考虑到模糊系统具有的经验式知识应用的典型特点, 本章还给出了规则分类的相关内容.

5.1　模式分类的模糊方法

在模式分类领域, 将样本按其特征划分到一定类别中的过程, 可由许多种机器学习方法实现. 模式识别方法的选择取决于对象的特征和问题的性质, 模糊分类采用模糊数学语言对事物按照规则或隶属度进行描述和分类.

5.1.1　模式分类

模式分类是机器学习和模式识别的核心研究内容, 常常通过构造一个分类函数或者分类模型, 将数据集映射到某一个给定的类别中, 因而是机器智能的一种实现方式. 模式分类的实现方法多种多样, 为便于学习和应用, 可按照数据的分布情况、特征的度量方式、是否有监督、线性或非线性分类等原则区分, 一般包括参数或非参数方式、度量或非度量方式、有监督或无监督方式、线性或非线性方式等等 (Duda et al., 2007; Ng, 2007). 其中, 每一种具体方法也并非严格地属于某一种方式, 而是由多种方式的特点共同描述, 例如, 模糊 k-均值聚类是一种度量式、非参数、无监督的非线性分类方法.

按照样本数据是否服从某种分布 (一般为独立同分布), 分为参数方式 (Parameter Methods) 或非参数方式 (Non-Parameter Methods). 对具有特定分布的样本数据采用参数方式, 如 Logistic 分类 (逻辑分类)、Bayesian 方法等; 若不能对数据集做出必要的分布假设, 则为非参数方式, 例如 k 近邻、决策树、规则分类等, 其中, 基于模糊规则的分类即为一种非参数方式 (Duda et al., 2007).

按照样本特征是否由特征向量表示并由向量运算来计算距离和相似性, 可以区分为度量方式 (Metric Methods) 和非度量方式 (Non-Metric Methods), 前者特征向量 (Feature Vector) 是数值表达的, 且向量之间可以通过计算距离考察相似性, 如支持向量机 (Support Vector Machine, SVM)、最近邻分类; 后者则不需要将特征数值化, 也无法或无须计算距离和相似性, 例如决策树、基于规则的分类. 大部分常见的机器学习算法均为度量方式, 常用的距离计算依据有欧氏距离 (Euclidean Distance)、马氏距离 (Mahalanobis Distance)、曼哈顿距离 (Manhattan Distance) 等等. 此外, 大多数自然语言处理方法在模式分类中可视为非度量方式, 例如字符串匹配等.

按照机器学习过程是否有监督 (Supervisory), 模式分类可以分为监督学习 (Supervised Learning) 和无监督学习 (Unsupervised Learning), 监督学习指的是利用已知标记和类别的样本模板 (监督信号), 作为分类器参数调节的参照目标, 训练得到分类模型, 称为监督训练或教师学习, 常用的监督学习如 BP 神经网络 (Back Propagation Neural Network)、支持向量机 (Support Vector Machine, SVM)、k 近邻方法等. 无监督方式则并不依照预先设定的标准, 而是依据一定的条件生成类别的同时, 按相似度归入各个簇类, 如极大似然估计 (Maximum-Likelihood Estimates)、聚类, 其中最常见的 K-均值聚类等. 可见, 在上述条件下, 模式分类中的有监督方式即为分类 (Classification), 另一种无监督方式即为聚类 (Clustering).

按照分类器的线性特性区分, 模式分类可以划分为线性分类和非线性分类, 常见的线性分类方法如线性判别分析 (Linear Discriminant Analysis, LDA)、感知器等, 非线性分类器则如 BP 神经网络 (Back Propagation Neural Network)、径向基函数 (Radial Basis Function, RBF) 等. 由此可知, 模糊模式分类是一种非线性分类方式, 与模糊控制用于非线性系统控制类似.

将模糊规则与模糊逻辑应用于模式分类, 形成了模糊分类和模糊聚类两个分支. 模糊分类主要基于规则推理与合成, 已经知道, 规则表达运用了模糊子集及其隶属度等经验信息, 因而是一种有监督方式, 同时, 由于分类过程未利用分布函数等信息, 因而是一种非参数方式. 模糊聚类则是一种无监督学习, 它将一般聚类中应当严格属于某一类别的分类过程, 采用模糊隶属度的方式进行扩充. 总体上, 模糊模式分类将硬边界转化为软边界, 将硬聚类转变为软聚类, 表达出现实过程中 "亦此亦彼" 的更合理的一种解决方式.

5.1.2　模糊分类

模糊算法可用于模式识别, 较早见于标准型模糊系统的提出者 Mamdani 在 1974 年的论文中, 鉴于可能许多人工智能的方法会用于复杂和非线性控制, Mamdani 提出, 控制理论的规则是预先假定的, 与模式识别中预先指定一种结构, 然后根据其函数和回归性质估计类别的过程类似.

模糊分类 (Fuzzy Classification) 是一种非参数分类方法, 与常用的参数型模式分类相比, 模糊分类以类别隶属度表达特征属于某一类别的程度, 而非密度函数或分布特性. 例如, 以颜色的深浅程度表达的分类任务, 若分为五类——暗、中暗、中、中亮和亮, 不同类别以闭区间 $[0,1]$ 上的不同隶属度值衡量, 如图 5.1 所示, 以三角隶属度函数为例, 不同类别的隶属度之间有重叠与交叉, 特征相似度计算以隶属度值之间的关系度量表达.

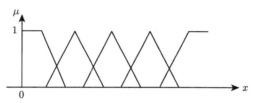

图 5.1 模糊隶属度函数表示的模糊类别属性

图 5.1 中对称的隶属度函数显示, 在模糊分类中不存在主要特征, 每一种特征都均等地视为分类的依据.

考虑有多个特征的模糊分类时, 需利用先验知识给出各特征的类别隶属度函数, 设计合成规则进行分类. 若对两特征任务 x_1, x_2 进行模糊分类, 特征的类别隶属度分别为 $\mu_i(x_1)$, $\mu_j(x_2)$, 可采用乘积推理规则

$$\mu_i(x_1) * \mu_j(x_2) \tag{5.1.1}$$

式中, i, j 为各特征的 x_1, x_2 类别数, $i = 1, \cdots, n$, $j = 1, \cdots, m$, $*$ 为模糊逻辑中的算子, 此处采用乘积 (Product) 方式. 推理过程如图 5.2 所示, 根据样本特征的类别隶属度, 由推理规则可得分类结果, 即图中隶属度函数加粗线及类别空间中阴影区域.

需要注意的是, 表示在 $[0,1]$ 上的特征隶属度, 是特征性状的程度, 即属于某一特征性状的 "资格", 并不包含 "发生" 的概率或可能性.

模糊分类简单实用, 但是方法的局限性限制了其应用, 主要在于:

* 可用于设计分类规则的信息相当有限, 例如类别隶属度的数量、宽度及位置等;

* 当特征数较多或高维情况时, 模糊分类方法不再适用;

* 模糊分类不适用于学习率变化的情况;

* 模糊分类不具有自适应性能.

在应用模糊分类时, 首先需将先验知识表达为隶属度函数的描述形式, 这使得模糊分类的性能并不依赖于数据样本, 因而与通过大量样本的学习来增强识别性能的其他模式分类方法不同, 类似于模糊控制基于经验规则而不具有自学习的特性, 因此, 当分类过程不能满足自学习要求时, 可转而采用其他方法.

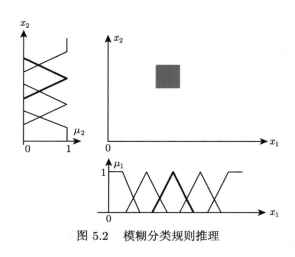

图 5.2　模糊分类规则推理

5.1.3　基于模糊逻辑的边缘检测

在图像处理和计算机视觉研究领域中, 边缘检测、图像分割、特征识别和目标跟踪等是基本的研究内容. 这里以基于模糊逻辑的边缘检测为例, 给出模糊分类方法及其应用. 边缘是图像中强度 (亮度/灰度) 变化显著的区域, 其显著变化反映了图像属性的较大变动, 如深度的不连续、表面方向的不连续、物质属性的变化和场景照明的变化等, 较为常见的有阶梯状边缘、屋脊状边缘、阶跃状边缘等, 图 5.3 为典型边缘及灰度值示例. 在图像处理领域, 0—255 范围内的数值表示了由黑到白的灰度变化, 黑色为 0, 白色为 255.

图 5.3 中, 每一组边缘图例均包括灰度图像及灰度值示例两部分, 从灰度图像可以直观地观察到边缘的显著变化, 从灰度值则可看出边缘区域灰度值的变动幅度.

边缘检测的目的是标识图像中强度变化明显的点. 从灰度图像的像素看, 边缘是图像一阶导数的极大值点, 或二阶导数的过零点 (常数函数除外). 若由像素梯度来表达强度变化, 有如下规则:

- 像素梯度为 0 的区域, 为图像的平坦区域;
- 像素梯度不为 0 的区域, 为图像的边缘区域.

可知, 该判断规则适用于梯度跳变剧烈的区域, 若像素梯度为 0, 灰度值无变化, 则不是边缘, 若像素梯度不为 0, 灰度值发生改变, 该区域应为边缘. 由于非零梯度情况包括了较大或较小的梯度变动情况, 邻近像素之间的小梯度并不总是表示边缘, 直接运用该规则并不总是能够获得更多的边缘信息, 为了合理应用这一规则, 可设计基于模糊逻辑的边缘检测方法.

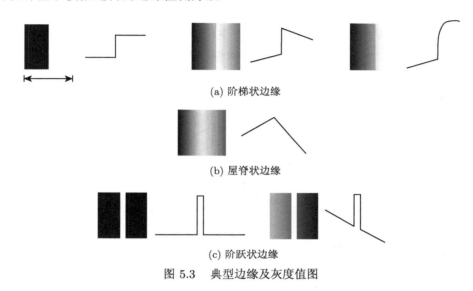

(a) 阶梯状边缘

(b) 屋脊状边缘

(c) 阶跃状边缘

图 5.3 典型边缘及灰度值图

在采用模糊逻辑进行边缘信息提取时, 输入为灰度图像两个方向上的像素梯度 Ix, Iy, 输出为是否图像边缘. 首先, 选择输入模糊子集为 "零", 选择输出模糊子集 Ig 为 "边缘""非边缘", 推理规则如:

模糊规则 1: If Ix 为零, 且 Iy 为零, Then 非边缘.

模糊规则 2: If Ix 不为零, 或 Iy 不为零, Then 边缘.

这两条规则易于理解, 如果水平方向像素梯度很小且垂直方向像素梯度也很小, 那么该区域为非边缘; 如果水平方向像素梯度较大或垂直方向像素梯度较大, 那么该区域为边缘. 然后, 可选择输入输出隶属度函数分别为高斯函数和三角函数, 如图 5.4 所示.

以图 5.5(a) 为例提取图像边缘信息. 通过计算, 可得灰度图像在水平和垂直方向上的像素梯度, 如图 5.5(b)、图 5.5(c) 所示. 可以看出, 在水平梯度图上, 米粒长边和短边信息均较显著, 而在垂直梯度图中, 纵向像素梯度多处变化较小, 由模糊逻辑推理规则, 采用重心法逆模糊化输出灰度值, 可得图 5.5(d) 边缘检测结果. 为便于对比, 这里给出了 Canny 算法的边缘检测结果 (Canny, 1986), 如图 5.4(e), 图中上部局部边缘未检出, 左下部部分边缘缺失, 验证了模糊逻辑边缘提取的效果.

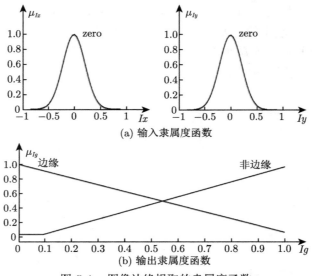

(a) 输入隶属度函数

(b) 输出隶属度函数

图 5.4　图像边缘提取的隶属度函数

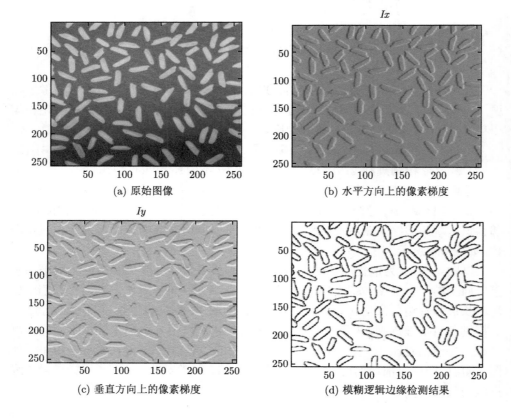

(a) 原始图像

(b) 水平方向上的像素梯度

(c) 垂直方向上的像素梯度

(d) 模糊逻辑边缘检测结果

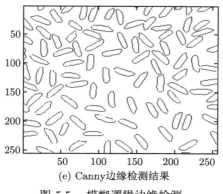

(e) Canny边缘检测结果

图 5.5 模糊逻辑边缘检测

5.2 基于规则的模糊分类

规则推理是计算领域的专有名词, 在程序语言循环句中常常嵌套使用, 用于递进式满足设定要求以结束循环, If-Then 是常被采用的简洁推理格式. If-Then 也是数理逻辑学中假言推理的一种最简洁方式. 因模糊系统也称为模糊逻辑系统, 其 "模糊" 由隶属度函数独特地表达, 而 "逻辑" 的主要形式就是 "若 $\cdots$ 则 $\cdots$", 即 If-Then 规则推理, 由第 2, 3 章内容可知, 这两大特点也是模糊系统的关键. 本节将给出以规则推理为基础的分类方法, 由于模糊隶属度函数 (值) 的引入, 也将使传统的 "硬分类" 转变为 "软分类".

5.2.1 If-Then 模糊规则分类

在模式分类中, 对不依赖实例检测计算或对象的特征度量, 而以对象实体之间的关系来表征类别的问题, 可采用基于 If-Then 规则的分类方法. 以机器学习中经典的挑选西瓜为例, 可表达为

If 色泽 (x_1) 青绿 and 根蒂 (x_2) 蜷缩 and 敲声 (x_3) 浊响, Then 好瓜 (x)

其中, 色泽 x_1、根蒂 x_2 和敲声 x_3 为对象 x 的若干属性, 若 x 同时满足色泽青绿、根蒂蜷缩和敲声浊响的前提特征条件, 则可得出结论 x 为好瓜 (周志华, 2016). 分类规则来自于人类经验和知识, 在自然演绎系统中, 与对象的规则描述属性共同作为陈述命题的前提, 推导得出结论.

若规则中的属性描述采用隶属度值度量, 基于规则的分类将转变为模糊分类. 仍以上述西瓜特征为例, 由于每一个被分类对象, 其青绿、蜷缩和浊响特征的程度并不相同, 就是在确定为好瓜的结果中, "好" 的程度也是有差异的, 按照模糊隶属度函数的定义, 给出对象 x 某一属性的特征的模糊隶属程度, 因此, 规则分类将按如下规则:

If 色泽青绿 $(x_1 = 0.80)$ and 根蒂蜷缩 $(x_2 = 0.75)$ and 敲声浊响 $(x_3 = 0.90)$

Then 好瓜 $(x = 0.75)$

其中, 对于某一待分类对象, 为其属性 x_1, x_2, x_3 分别赋予隶属度值 0.80, 0.75, 0.90, 则由一定的规则, 可推导得出对象 x 属于结论论域——好瓜的隶属程度. 若表示为三个输入模糊集上的推理, 则如图 5.6 所示.

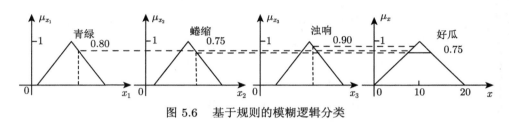

图 5.6   基于规则的模糊逻辑分类

该条规则下三个输入的模糊子集分别为青绿、蜷缩和浊响, 其输入的隶属度值分别为 0.80, 0.75, 0.90, 如图 5.6 左侧三个输入模糊子集, 这里, 单条规则采用取最小 (min) 的推理规则, 可得结论——好瓜, 且其隶属度值为 0.75. 由于本例具有鲜明的现实意义, 且极易理解, 这里不再给出输入输出论域以及模糊子集的划分等具体设置.

在该例中, 由于隶属度值包含的数值表达了一定的度量意义, 因而是一种度量式分类方式, 由于尚无分布或概率特性, 因而仍然是非参数式方法.

5.2.2   模糊规则学习

分类器的规则来自于样本数据, 同模糊控制规则取决于样本数据库的情形, 规则提取的原则与方式也与模糊控制的规则提取类似. 样本数据子集的论域和隶属度函数基础地划分出了模糊规则集的规模, 同样地, 直接从数据中提取分类规则时, 首先将属性空间分为较小的子空间, 从包含多个类的数据集中一次提取一个类的规则, 使属于一个子空间的所有记录可以使用一个分类规则进行分类.

分类规则的提取与设计需满足:

(1) 互斥规则 (Mutually Exclusive Rules): 每一个样本记录最多只能触发一条规则, 规则集中不存在两条规则被同一条记录覆盖的情况, 则称规则集是互斥规则;

(2) 穷举规则 (Exhaustive Rules): 每一个样本记录至少触发一条规则, 如果对属性值的任一组合, 都存在一条规则可以覆盖该情况, 则称规则集是穷举规则.

假若规则集不是互斥的, 即当一个记录可能触发多条规则时, 可以按照规则优先级的降序排列, 由基于准确率、覆盖率、总描述长度、规则产生的顺序等优先顺序确定. 另一方面, 若规则集不是穷举规则, 即当一条记录可能不会触发任何规则时, 可以在执行过程中使用缺省类, 例如, 通常被指定为尚未被现有规则覆盖的样本的多数类.

对于常用的评价规则的标准, 覆盖率 (Coverage of rules, Cor) 为满足规则前件的记录所占的比例

$$\text{Cor} = \frac{\text{满足规则前件的样本数 } A}{\text{总记录数 } D} = \frac{A}{D}$$

准确率 (Accuracy of rules, Aor) 为触发规则的记录数与满足前件的样本记录数之比

$$\text{Aor} = \frac{\text{同时满足规则前件与后件的记录数 } M}{\text{满足规则前件的样本数 } A} = \frac{M}{A}$$

考虑一组训练集, 若包含属于某一类别的样本——正样本 70 个, 不属于这一类别的样本——负样本 100 个, 若有以下候选规则:

R_1: 覆盖 50 个正样本和 5 个负样本;

R_2: 覆盖 2 个正样本和 0 个负样本.

可得, 规则 R_1, R_2 的覆盖率 $\text{Cor}_{R_1} = 55/160 = 34.38\%$, $\text{Cor}_{R_2} = 2/160 = 1.25\%$, 准确率 $\text{Aor}_{R_1} = 50/55 = 90.9\%$, $\text{Aor}_{R_2} = 2/2 = 100\%$, 显然地, R_2 并非可供选择的规则, 因其覆盖率过低, 高准确率具有潜在的欺骗性, 而规则 R_1 的准确率尽管较低, 却是可供选择的较好的规则.

如果一个规则覆盖大多数正例, 那么该规则是可取的, 这时删除它所覆盖的训练记录, 把新规则追加到规则库中, 重复这个过程直到满足终止条件, 然后更新该规则, 以改进它的泛化误差. 总体上, 基于规则的模糊分类器具有如下特点:

(1) 规则集对属性空间进行线性划分, 将对象划分到各个类别;

(2) 基于规则的分类方法形成了易于解释的描述性模型;

(3) 适于处理类分布不平衡的数据集.

5.2.3 决策树

可以看出, 基于规则的分类器对属性空间进行线性划分, 并将类指派到每个划分, 与决策树分类有类似之处. 规则集的表达能力几乎等价于决策树, 因为决策树可以用互斥和穷举的规则集表示. 例如, 对于二分类问题 "好瓜" 进行判断, 通过一系列子决策: "色泽是什么?", 若为青绿色, 然后判断 "根蒂形态?", 若为蜷缩, 则再判断 "敲声怎么样?", 最后得出结论: 好瓜. 如图 5.7 决策树示例.

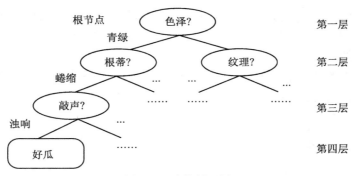

图 5.7　决策树示例

图 5.7 中, 第一层为根节点, 第二层和第三层分别判断 "根蒂" 和 "敲声" 的节点为内部节点, 结论为叶节点. 叶节点是决策结果, 其他每个节点均为一个属性匹配过程. 在根节点处开始样本全集的测试过程, 根据属性测试结果分别将样本划分到各个子节点上, 直到分类完成.

显然, 决策树的生成是一个以规则信息来划分属性的递归过程, 与基于规则的分类不同在于, 前者对规则的提取是一次完成的, 判断与分类同时操作并获得结果, 后者则通过顺序比对逐个进行而得出结论.

由于规则的可解释性较明确, 能够帮助人们直观地了解判别过程, 同时, 由于规则引入了人类经验和领域知识, 因而在逻辑规则的抽象描述能力上更能够体现人工智能处理问题的优越性. 但是, 当样本数据含有较大噪声时, 由于缺乏更多关于分布或概率信息, 决策树则不再适用.

5.2.4　模糊分级

对于 5.2.1 小节 "好瓜" 分类任务, 也可视作一个分级任务, 这是因为分类依据中的主要属性及特征值均指向 "西瓜" 这一特定目标, 而根据外部品貌的差异, 区分的目的也是其成熟的程度——好瓜或否. 同时, 在满足培育条件及生长期的条件下, 挑选适口的好瓜, 而不是区分 "较好" 或 "差". 若以基于规则的模糊分类来看, 这时, "好瓜" 任务就演变为一个分级任务了.

在同一类别中区分不同等级的现实需求越来越迫切, 这是因为, 随着机器学习的性能不断提升, 在人工智能领域之外的其他传统和现代领域, 也希望及时应用机器学习的最新研究成果, 用于探索这些领域中的相关问题, 尤其是与减轻人工, 或辅助人工相关的技术手段, 例如, 在微观上, 肺部影像学在辨明某一病灶及其病症特征之后, 如何根据图像得出疾病分型以辅助诊疗; 在宏观上, 日面或云图揭示的空间天气和卫星气象指征, 可能在多大程度上影响地面, 智能分级将在预警预报中更为重要. 由于工作经验丰富的专家拥有这些领域中大量的先验知识和数据经验, 因而能够准确判断和预报, 那么, 如何能将这些来源、设备、模式、格式各不相同的数据信息, 通过机器智能的方式, 达到相同的功能或超越人工呢?

模糊逻辑以语言变量为基础, 包含了经验知识, 非常适宜用于表达基于经验知识的人工辅助判断中. 同时, 基于模糊隶属度和规则的模糊分级, 其直观、可解释的分级过程, 能够满足物理背景与现实意义等非常明确的问题和任务的要求.

对于分级问题, 如果对象系统是线性的, 那么, 将转变为一个回归任务类的问题, 例如, 某个地区在一段时间内, 商品房价格与其建筑年代、面积、地点或装修等参数, 可视作线性回归问题. 但是, 对于大多数应用任务要求, 由于参量多、数据来源和格式繁多、目标复杂, 常常非回归方案能够完整判别.

在将模糊逻辑用于分级任务中, 需根据参量格式、数据模态及分布情况与对象系统等, 结合机器学习算法, 并充分考虑对象系统的数据信息, 具体问题具体分析. 限于篇幅, 本节不再展开讨论.

5.3　　聚　　类

依据特征标记对样本进行训练以将其归入既定的某一类别中, 是最常见的一种模式分类方法, 这一采用样本标记的过程是有监督的. 与此对应的是无监督过程, 即并不依据给定类别数或特征对样本进行分类, 而是由无标记训练样本按照一定的学习方法聚集形成若干类别, 称为聚类.

5.3.1　无监督方法

聚类将数据集中的样本划分为若干个子集, 每个子集称为一个簇. 通过簇的划分, 形成了每一个簇对应于某一类别的过程. 对无标记样本集 X, $X = \{x_i | i = 1, 2, \cdots, m\}$, 由聚类过程将 m 个样本划分为 k 个不相交的簇 C_k, $C_k = \{C_j | j = 1, 2, \cdots, k\}$, 同时满足 $C_j \cap C_{k \neq j} = \varnothing$, 且 $X = \bigcup\limits_{j=1}^{k} C_j$. 可以看出, 聚类是自动形成的簇结构, 这一结构并非已知或事先指定的, 因而是无监督的学习过程.

作为一种度量学习方法, 聚类的性能度量主要包括两类: 一类是将聚类结果与某个 "参考指标" 作比较, 称为外部度量, 例如, 近邻聚类相关方法; 另一类是直接考察聚类结果而不利用任何参考指标, 称为内部度量, 例如, k 均值聚类.

聚类过程中的簇划分由样本之间的相似性进行度量和划分. 距离度量是最常用的方法, 遵循模式分类中 "簇内距离最小, 簇间距离最大" 的原则, 例如, 较直观的欧氏距离 (Euclidean Distance). 对给定 n 维向量样本 x_1, x_2, 其欧氏距离为

$$d = \left(\sum_{p=1}^{n} |x_{1p} - x_{2p}|^2 \right)^{1/2} \tag{5.3.1}$$

式中, $x_1 = \{x_{1p}|p = 1, 2, \cdots, n\}$, $x_2 = \{x_{2p}|p = 1, 2, \cdots, n\}$.

当样本空间中不同属性特征的重要程度不同时, 可采用加权距离. 对欧氏距离加权后可得

$$d_w = \left(\sum_{p=1}^{n} w_p |x_{1p} - x_{2p}|^2\right)^{1/2} \tag{5.3.2}$$

式中, $w_p \geqslant 0$ 为权重, $p = 1, 2, \cdots, n$, 用以表征不同属性的重要性. 通常按照归一化过程有 $\sum_{p=1}^{n} w_p = 1$.

对于特征属性为离散时的对象聚类, 即定义域中包含有限个可取值的聚类任务, 可采用 VDM(Value Difference Metric) 方法. 例如, 对于城市场景对象, 定义域可以是 {高速公路, 商业中心, 停车场, 公园, 住宅}, 由有限个属性表达了典型城市的场景. 设 $o_{p,a}$ 表示在属性 p 上取值为 a 的样本数, $o_{p,a}^j$ 表示第 j 个簇中在属性 p 上取值为 a 的样本数, 则两个离散值 a 与 b 之间的 VDM 距离可表示为

$$\text{VDM}(a, b) = \sum_{j=1}^{k} \left| \frac{o_{p,a}^j}{o_{p,a}} - \frac{o_{p,b}^j}{o_{p,b}} \right|^r \tag{5.3.3}$$

式中, $o_{p,b}$ 表示在属性 p 上取值为 b 的样本数, $o_{p,b}^j$ 表示第 j 个簇中在属性 p 上取值为 b 的样本数, r 为距离计算因子, 可选择为 1, 1/2 或 2 等.

对于混合属性的聚类任务, 可将 VDM 与一般距离计算的方法结合使用, 以判断属性间的相似性.

无监督聚类是机器学习的一种无监督方法, 可用于训练大量未标注数据, 建立并标注类别, 正如未知内容的数据挖掘等应用. 例如, 在计算机辅助医学影像分析时, 从医院获取的大量医学影像, 其中 "有标注数据少, 未标记数据多", 检测诊断中的病灶影像数据无标注或标识即存储入库的现象非常普遍, 降低了数据库的使用效率, 影响了病例数据储存的意义. 无监督学习具有巨大的现实需求, 因为在实际应用中, 收集到的大量样本并未获得标记, 而获取 "标记" 或标记样本却需要大量的人力、物力和时间.

5.3.2　k-均值聚类

基于不同的学习策略, 逐渐形成了多种类型的聚类方法. 考虑简化计算和加速收敛等特点, 不失一般性, 这里给出最常用的 k-均值聚类方法. k 为类别数, 即聚类中的簇心数. 若给定 m 个样本, 将其划分为 k 个簇, $1 < k \leqslant m$, 并给出簇心 k_j, 这一聚类过程可按如下步骤:

(1) 初始随机选取 k 个样本点作为聚类中心;

(2) 计算每一个样本 x_i 与各聚类中心 k_j 之间的距离, $i = 1, 2, \cdots, m$, $j = 1, 2, \cdots, k$, 采用欧氏距离平方和为目标函数

$$J = \sum_{i=1}^{m} \sum_{j=1}^{k} \|x_i - k_j\|^2 \tag{5.3.4}$$

式中, J 为目标函数, x_i 为第 i 个样本向量, $\|x\| = \sqrt{x^{\mathrm{T}}x}$, k_j 为第 j 个聚类中心;

(3) 将各样本归入距离最近的簇, 从而构成新簇, 并求得每一个新簇中的样本均值, 作为新的聚类中心;

(4) 返回第二步, 计算各个样本与新的聚类中心的距离, 更新样本归类并得到新聚类中心, 如此迭代计算直到簇心变化小于给定值或达到迭代次数, 计算完成.

k-均值聚类过程中, 初始簇心的选择在一定程度上影响着聚类的结果, 一是簇心数量的选择, 也就是聚类类别数目的影响, 若 k 的值选取过大, 对于特定的数据集, 将可能有太多的聚类, 例如, 数据集中有 3 个明显的聚类 (其中每个聚类代表一个模式), 如果选择 $k = 5$, 那么对于实际上只有 3 个聚类的数据集, 结果将有 5 个聚类, 这将破坏分类, 导致错误的结论. 二是簇心初值的选择, 即簇心初始位置的影响, 选择不同的初始点可能导致不同的簇划分规则和迭代过程, 导致不同的聚类结果.

Andrew Ng 采用 "肘形法" (Elbow Method) 来描述目标函数的收敛与簇心数量之间的消长关系, 如图 5.8 肘形曲线, 图中, 横轴为聚类类别数目, 纵轴为簇类内各样本与簇心距离的平方和. 可见, 存在一个 "肘点" (Elbow Point), 在该转折点处迭代收敛情况较好, 且类别数目恰当, 同时计算消耗比较小. 当簇心数减少时, 例如, 当 $k < 3$ 时, 距离差的平方和将明显增加. 如果选择较大的 k, 距离的平方和将减小, 但代价将是计算效率下降, 因为需要完成更多次迭代才可以在目标函数上获得较小的改进.

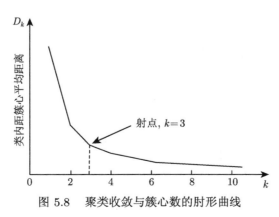

图 5.8　聚类收敛与簇心数的肘形曲线

k-均值聚类算法对于大数据集是高效且适用的. 尽管迭代常以局部最优结束, 但在一般情况下, 局部最优结果能够满足聚类任务的要求. 针对 k 值及其初始位置等问题, 可利用先验知识或基于任务对象及数据的了解进行选择.

5.3.3   模糊聚类

将样本绝对地按 "属于" 或 "不属于" 某一个类别的聚类划分方式, 称为 "硬聚类", 即以 "0" 或 "1" 严格区分样本是否属于某一类, 不存在中间部分. 模糊聚类将 "亦此亦彼" 的划分方式引入聚类, 利用闭区间 $[0, 1]$ 上的模糊隶属度表示样本属于某一类别的程度或等级, 扩展了类别条件, 形成了一种聚类算法.

当前, 在快速发展的以数据信息为对象载体的研究领域, 例如气象预报、社会经济、健康医学等领域, 定性的研究与结果已不能承载大量汇聚的数据所包含的有用信息, 定量化分析的需求日益增加, 模糊聚类提供了描述和划分相似性较大的对象特征的数据处理方法, 在合理、科学地分析结果与实践应用方面具有显著的优势. 以多元文本处理为例, 在信息检索、文本处理及网络搜索中, 一个文档常常可能不只属于一个类别, 多元文本分类是一个重要的研究方向.

Lee(2014) 将模糊分类与聚类用于多元文本分类, 在进行模糊变换降低样本特征维数的同时, 求取训练集样本与类别之间的模糊隶属度, 通过分类-聚类映射计算样本的相似度, 达到分类和聚类的结果. 图 5.9 为样本数据分布.

图 5.9(a) 中, 横纵坐标为训练集样本与类别 c_1, c_2 相关的模糊隶属度, ○ 和 + 表示样本所属的类别, ⊕ 为同时属于两个类别的情况, △ 和 ◇ 为测试样本, 可以看出, 测试样本与类别之间较分散.

图 5.9(b) 中, 横纵轴为样本的类别相似度, 经分类-聚类-映射变换后, 聚类类别 c_1, c_2 聚集中心明显, 类内差异小, 类间差异显著. 其中, 对于与类别 c_1, c_2 相

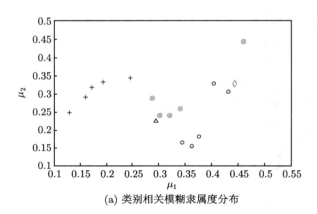

(a) 类别相关模糊隶属度分布

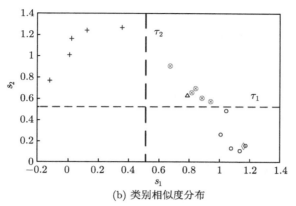

(b) 类别相似度分布

图 5.9 样本数据分布 (Lee and Jiang, 2014)

似度均相近的样本, 划入一定既属于 c_1, 又属于 c_2 的新类, 即聚集类 $\oplus$, 聚类方式更灵活, 而不限于严格的非此即彼的分类. τ_1, τ_2 为与相似度相关的类别阈值, 在新的测试样本输入的情况下, 可根据阈值进行相应的聚类.

综上所述, 模糊聚类是模式划分的有效分析方法, 一方面当类别数不定时可按不同要求对样本进行动态聚类; 另一方面, 基于目标函数的聚类可求解最佳分析方案.

5.4 模糊 k-均值聚类与分析

5.4.1 模糊 k-均值聚类

模糊聚类是根据相似度将样本划分到模糊子集或 "聚类" 中的一种分类方法, 由 k-均值算法派生而来, 称为模糊 k-均值算法. 模糊 k-均值聚类通过迭代求取隶属度 μ_{ij} 与聚类中心 k_j, 使目标函数最小

$$J = \sum_{i=1}^{N} \sum_{j=1}^{K} (\mu_{ij})^m \left\| x_i - k_j \right\|^2 \tag{5.4.1}$$

式中, $m > 1$, 为模糊因子, 表示类别间重叠的程度, 若 m 越大, 迭代中新旧类别之间的影响越小, x_i 为第 i 个样本向量, k_j 为第 j 个聚类中心, $i = 1, 2, \cdots, N$, $j = 1, 2, \cdots, K$, $\|x\| = \sqrt{x^{\mathrm{T}} x}$.

模糊 k-均值聚类的具体步骤如下:

(1) 选取模式类数 K, $1 < K \leqslant N$, N 为样本个数;

(2) 根据先验知识确定样本对于各个类别的隶属度 $\mu_{ij}(0)$, $i = 1, 2, \cdots, N$, $j = 1, 2, \cdots, K$, μ_{ij} 表示第 i 个样本对第 j 个类别的隶属度;

(3) 求新的聚类中心 k_j^{new},

$$k_j^{\text{new}} = \frac{\sum\limits_{i=1}^{N} x^i (\mu_{ij}^{\text{new}})^m}{\sum\limits_{i=1}^{N} (\mu_{ij}^{\text{new}})^m} \tag{5.4.2}$$

其中, 隶属度计算更新按照

$$\mu_{ij}^{\text{new}} = \left[\sum_{r=1}^{K} \left(\frac{d_{ij}}{d_{ir}} \right)^{1/(m-1)} \right]^{-1} \tag{5.4.3}$$

式中, d_{ij} 为迭代过程中第 i 个样本到第 j 类聚类中心的距离, $d_{ij} = \|x_i - k_j\|^2$, d_{ir} 为迭代过程中第 i 个样本分别到 K 个聚类中心的距离, $r = 1, 2, \cdots, K$. 为避免可能当 $d_{ij} = 0$ 时, μ_{ij} 分母为零的情况, 特别指定 $\mu_{ij} = 1$, 当 $d_{ij} = 0$;

(4) 重复 (3), 直到隶属度的变化小于给定值 ε;

(5) 根据隶属度 μ_{ij} 进行划分, 完成聚类.

可以看出, 模糊 k-均值算法的基本思想是首先设定一些类及每个样本对各类的隶属度, 然后通过迭代不断更新隶属度, 直至隶属度的变化量小于规定的阈值, 达到收敛. 预先指定的模糊参数 $m > 1$, 确定了聚类之间的交叉程度. 假若参数 $m > 1$ 很多, 意味着第 j 个聚类中心点对新聚类中心的影响较小.

k-均值算法在聚类过程中, 每次得到的结果, 类别之间的边界是明确的, 聚类中心根据当前属于该类样本迭代更新. 模糊 k-均值算法在聚类过程中, 每一次计算聚类中心都需要用到全部样本, 每次得到的类别边界是模糊的, 聚类准则也体现了模糊性.

与 k-均值算法一样, 初始聚类中心值和类别数的选择, 对模糊 k-均值算法的最终结果、收敛过程及计算复杂度具有一定的影响. 可以考虑将聚类中心数等同于模糊系统的规则数, 以充分利用模糊系统的先验知识. 图 5.10 为初始类别数不同情况下的聚类情况, 图 (a) 为确定聚类簇数为 3 时的聚类结果, 图 (b) 为聚类簇数为 4 时同组数据的聚类结果.

此外, 模糊 k-均值聚类的结果仍是模糊集合, 但是如果实际问题希望有一个明确的界限, 也可以对结果进行去模糊化, 通过一定的规则将模糊聚类转化为确定性分类.

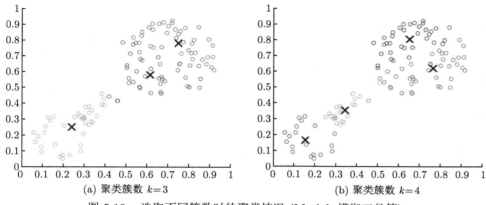

(a) 聚类簇数 $k=3$ (b) 聚类簇数 $k=4$

图 5.10 选取不同簇数时的聚类情况 (Matlab 模糊工具箱)

5.4.2 模糊聚类与分析——以 Iris 数据集为例

鸢尾花分类 (Iris Classifier) 是机器学习研究领域中的典型问题. 其数据集包含了 150 个鸢尾花样本数据, 每一鸢尾花样本数据由四个特征描述, 分别为萼片的长度和宽度、花瓣的长度和宽度, 这四个样本包含三个品种, 每一品种集由 50 个样本构成. 该数据集在二十世纪八十年代收集完成且开放较早, 因而常常用于模式分类学习与算法研究用例.

本节拟采用模糊 k-均值聚类方法对 Iris 数据集进行分类, 讨论迭代过程中隶属度值的变化与聚类数 k、模糊因子 m 的影响等, 给出模糊 k-均值聚类的收敛过程, 并与其他分类方法的性能进行比较, 以说明模糊聚类法的分类过程.

需要说明的是, 鸢尾在植物分类学中属于: 鸢尾属——鸡冠状附属物亚属——鸢尾. 鸢尾在全世界范围内约有 300 多种, 主要分布于北温带, 包括该数据集中的三类: Setosa, Versicolor, Virginica, 在我国主要分布于西南、西北及东北, 约有 60 种. 鸢尾花在春夏季非常常见, 花冠蓝紫色, 直径约 10cm, 具有两轮花瓣——外花披和内花披, 在 Iris 数据集中被称为——萼片 (Sepal) 和花瓣 (Petal). 由于植物学对花的结构命名中, 花萼 (萼片) 专指花的最外一轮叶状构造, 因而此处数据集中提到的萼片 (长度及宽度), 事实上为外轮花瓣. 为保持与其他文献算法讨论的一致性, 这里仍沿用原表述.

由于鸢尾花瓣上的鸡冠状附属物 (花纹) 特征非常明显, 因而在自然界中非常容易辨认. 此外, 在近来有关植物花卉识别的应用程序中, 实景图片的识别功能与准确率等性能已相当完备, 例如, 形色 APP, iNaturalistAPP 等等. 因此, 这里根据特征测量值进行植物分类辨识例, 旨在专门数据集上讨论模糊聚类过程及参数影响.

　　由 5.3 节和 5.4.1 小节可知, 对聚类结果影响较大的参量主要有两个——聚类中心数 k 和模糊因子 m. 在模糊 k-均值聚类算法中, 每一次迭代均更新了数据点属于某一簇心的隶属度值, 由模糊隶属度值的变化亦可直接观察聚类过程. 图 5.11 为 Iris 样本中类别的模糊隶属度值, 这里, 聚类中心数 $k = 3$、模糊因子 $m = 2$. 可以看出, 此时三个类别是较易区分的, 样本号 0—50 对应第一类别的隶属度值明显接近于 1, 样本号 51—100 对应第二类别的隶属度值显著大于其他两个类别, 且该类别集内的样本隶属度值较为集中, 同理, 可知样本号 101—150 对应第三类别, 其隶属度值范围亦显著说明了这一情况.

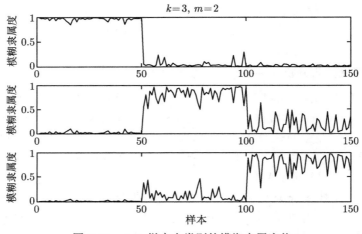

图 5.11　Iris 样本中类别的模糊隶属度值

　　尽管数据集中的样本已经被标注为三个严格区分的类别, 但是可以尝试将模糊聚类数 k 增加为 4, 5 或更大值的情况, 观察预设簇数增加时, 模糊 k-均值聚类的性能和收敛情况. 图 5.12 为不同聚类数时的迭代情况.

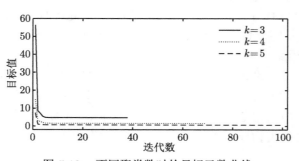

图 5.12　不同聚类数时的目标函数曲线

图中, 随着聚类中心数 k 的增加, 误差目标函数下降明显, 但是, 收敛变慢, $k = 5$ 时迭代次数接近 100 次. 这是因为当 k 增加, 聚类簇心变得更多时, 每一簇的规模缩小, 距离更近的样本点将被分到同一类, 因而误差目标函数显著变小. 同时, 聚类中心数目的增加, 使每个样本点对应的可能类别数相应增加, 导致了迭代次数和计算量的增加, 降低了收敛速度, 反映在图中, 则是迭代次数的增加.

对式 (5.4.1), 由于 $0 < u_{ij} < 1$, 迭代计算中 $(u_{ij})^m$ 分量的影响, 将随着模糊因子 m 的增加而减小, 也就是模糊隶属度值迭代变化的影响将在聚类过程中将逐渐变弱, 反之, 当 m 较小时, 对聚类过程的影响则较大. 图 5.13 为 m 取值不同时类别的模糊隶属度. 可见, 过小的 m 会使得某些点的聚类结果振荡, 如图 5.13(a), 当 $m = 1.2$ 时, 某些样本上的隶属度值并不能判断其应属于哪一个类别, 影响了结果的准确性, 但是, 较大的 m, 也将使聚类误差快速增加, 如图 5.13(b), 当 $m = 5$ 时, 在第二、三类别上, 隶属度值呈现较大范围的变动, 将导致分类的准确性下降.

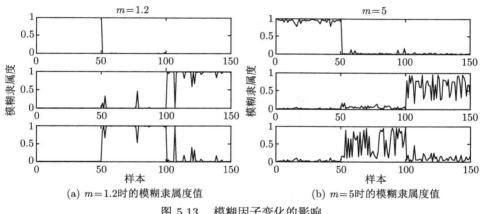

(a) $m=1.2$时的模糊隶属度值 (b) $m=5$时的模糊隶属度值

图 5.13 模糊因子变化的影响

对于 m 的选择, 一些应用研究给出了经验范围, 尽管所考察问题不同, 但集中在 $1.1 \leqslant m \leqslant 5$ 经验范围 (Bezdek et al., 2016), 一般情况下可取区间中值 $m = 2$. 由于 m 的取值范围尚无统一理论指导, 其选取仍可通过试凑方法选择. 在本节例中, $m = 2$ 是一个较为适宜的数值.

同其他分类方法相比, 模糊 k-均值聚类方法具有无监督、收敛速度快、聚类过程易观察能解释等优点, 若与 BP(Back Propagation) 神经网络方法相比较, 主要有以下特点:

(1) 无监督过程. 模糊聚类是一种无监督方法, 根据样本在空间中的分布对其所属的分类进行判断, 给定的聚类中心数未必等于真实的样本类别数, 而基于神经网络的分类是一种监督学习方法, 需通过标签更新神经网络的参数.

(2) 收敛速度快. 在实验结果及分析中可以看到, 模糊聚类的收敛速度是非常快的, 有时只需要约 8 次迭代即可基本达到正确分类的要求, 但在神经网络中则通常需要数百次迭代才有可能收敛.

(3) 准确率稍低. 主要是因为模糊聚类的方法是基于样本点在空间中的分布进行判别, 出现误判的可能性较大, 而神经网络在理论上可以拟合任意函数.

总之, 模糊聚类在算法的复杂度或实际性能上, 均显示出其优良特点, 此外, 以模糊隶属度值为参量的聚类思想, 也真正体现了模式分类的本质——属于某一类别的资格或程度.

Iris 分类是一个既定类别的数据集聚类问题, 聚类中心数的选择完全符合图 5.8 肘形曲线的含义, 即当簇心数增加时, 聚类的准确性将可能达到一个稳定或饱和的状态, 而不再提升. 在模糊 k-均值聚类中, 亦可尝试增加 k 的取值, 观察聚类的准确性以及目标函数的收敛情况. 通过调试, 可以发现, 当聚类数逐渐增大时, 准确率的变化并没有明显下降, 甚至在某些聚类数目下, 会得到比 $k = 3$ 时聚类更为精确的分类结果. 这是因为, 当簇数增加时, 模型趋向于对之前聚类完成的某一 "簇" 更加细化, 以增强不同 "类别" 的特征差别, 使 "类别边界"(非 "簇" 之间的边界) 的分布更为合理.

考虑一种极端的情况, 当聚类数目增加到 150 类, 即全部样本数时, 模糊 k-均值聚类将退化为最近邻 (Nearest Neighborhood) 分类, 也就是说, 将测试样本归类为与已有样本中 "距离" 最近的那一个样本的同类别. 尽管未将样本划入数据集中指定的类别, 然而, 通过这一过程, 模糊 k-均值聚类展示了分类的一种详尽过程, 表达了其基于经验知识的模糊逻辑的可解释性.

5.5　本 章 小 结

本章介绍了模糊系统理论与方法在模式分类中的应用. 模糊分类与聚类的核心是模糊隶属度, 模糊分类与聚类过程充分现了模糊逻辑在处理 "亦此亦彼" 问题上的突出特点. 总结来看, 模糊分类具有如下特点:

(1) 由模糊隶属度函数 (值) 表达的事物属于某一类别的程度, 合理且简便地阐述了 "类内距离最短, 类间距离最大" 的类别衡量原则, 因而既易于理解, 也易于应用.

(2) 需要注意的是, 属于某一类别的模糊隶属度值, 表示的是事物属于某一类别的资格或程度, 若用模糊语言来描述, 也就是 "更有资格" 或 "较无资格", 因而与事件发生的概率不同, 即与事件发生的可能性完全不同, 不可混淆.

(3) 在实际应用过程中, 由于模糊分类方法可以设计为有监督或无监督、度量或非度量、非线性和非参数等多种形式, 因而可以在充分考虑对象物理特性、数据特征、样本情况和任务目标的基础上, 灵活设计, 而不必拘泥于某一种固定的结构或参数方式, 以求获得更佳的性能.

(4) 模糊分类与聚类过程中, 模糊隶属度计算是模糊系统理论在模式分类应用中的唯一模糊步骤, 这与模糊控制系统设计与分析中常需模糊化、逆模糊化和模糊推理等多个模糊处理步骤不同, 而且, 由于控制系统设计中包括被控对象动力学分析与控制律设计求解等多个环节, 因此模糊系统理论与方法在控制系统中的应用多较为复杂.

思 考 题

5.1 谈谈你对于模糊分类方法中 "模糊" 作用的认识, 其核心是什么? 是否与规则及推理有关? 为什么?

5.2 模糊聚类与模糊分类有什么不同, 在哪些场合可采用模糊聚类的方法?

5.3 模糊分类与聚类的特点和优点是什么, 又有哪些局限性?

5.4 对于非独立同分布数据, 模糊 k-均值聚类方法能否适用, 为什么?

5.5 请简要描述 k-均值聚类方法与模糊 k-均值聚类的基本过程, 二者之间有何区别与联系?

5.6 在模糊 k-均值聚类中, 选择不同参数值时对聚类结果将有何影响?

参 考 文 献

周志华. 2016. 机器学习. 北京: 清华大学出版社.

Ng A. 2007. 吴恩达《机器学习》课程公开课.

Bezdek J C, Moshtaghi M, Runkler T, et al. 2016. The generalized C Index for internal fuzzy cluster validity. IEEE Transactions on Fuzzy Systems, 24(6): 1500-1512.

Canny J. A computational approach to edge detection. IEEE Transactions on Pattern Analysis and Machine Intelligence, 1986(6): 679-698.

Duda R O, Hart P E, Strok D G. 2007. 模式分类 (英文版 • 第 2 版). 北京: 机械工业出版社.

Lee S J, Jiang J Y. 2014. Multilabel Text Categorization Based on Fuzzy Relevance Clustering. IEEE Transactions on Fuzzy Systems, 22(6): 1457-1471.

第 6 章 T-S 函数型模糊模型与模糊系统分析

T-S 函数型模糊模型是模糊系统在 Mamdani 标准型模糊模型之外的另一种基本模型. T-S 模型推理结论的函数式表达, 突破了标准型模糊系统以模糊隶属度、模糊规则与推理为中心的语言型处理方式, 为模糊系统在稳定性和非线性分析与应用等方面开辟了广阔空间. 本章将讨论 T-S 函数型模糊模型及其特征与应用, 以及模糊系统的基本性能.

6.1 T-S 函数型模糊模型

1965 年, L. A. Zadeh 提出了模糊集合理论与模糊控制方法, 在这之后的 20 年中, 模糊系统逐步建立了以 Mamdani 标准型为主的模糊理论与模糊控制系统等方法及其应用. 1985 年, 在将模糊系统应用于工业控制系统的辨识时, T. Takagi 和 M. Sugeno 提出并建立了函数型模糊系统, 从而拓宽了模糊控制理论与方法, 并使其有可能与现代控制工程的若干方法相联系, 从而进一步推动了模糊系统的发展.

6.1.1 T-S 函数型模糊模型概述

1985 年, 日本学者 Takagi 和 Sugeno 提出函数型模糊系统 (Functional Fuzzy System), 被称作 Takagi-Sugeno 模型, 常简称为 T-S 模型 (Takagi and Sugeno, 1985). 在第 k 条规则下, T-S 模糊模型推理如下:

$$\text{If } x_1 \text{ is } A_1^k \text{ and } x_2 \text{ is } A_2^k \text{ and}, \cdots, \text{and } x_n \text{ is } A_n^k, \text{ Then } y_k = g_k(\cdot) \qquad (6.1.1)$$

式中, x_i $(i = 1, 2, \cdots, n)$ 为输入量, y_k 是第 k 条规则的结论函数, "·" 是函数 g_k 变量的简写, A_i^k 为第 k 条规则时第 i 个输入量的模糊语言值集合. 可见, 与 Mamdani 标准型模糊系统 (Standard Fuzzy System) 相比, 在推理结论的表达形式上, 由隶属度函数 (值) 表达的语言型结论, 转变为 Takagi-Sugeno 模型中的函数型推理结论 $y_k = g_k(\cdot)$.

结论函数的选取因应用对象可选择各种函数形式, 例如

$$y_k = g_k(\cdot) = a_{0,k} + a_{1,k}(x_1)^2 + \cdots + a_{n,k}(x_n)^2$$

或者

$$y_k = g_k(\cdot) = \exp(a_{0,k} + a_{1,k}x_1 + \cdots + a_{n,k}x_n)$$

一般地, 常采用线性函数形如

$$y_k = g_k(\cdot) = a_{0,k} + a_{1,k}x_1 + \cdots + a_{i,k}x_i + \cdots + a_{n,k}x_n \tag{6.1.2}$$

式中, $a_{i,k}$ 为实数, k 为规则数, $k = 1, \cdots, r$, i 为输入量的个数, $i = 1, \cdots, n$, 推理输出 y_k 成为输入 $(x_1, \cdots, x_i, \cdots, x_n)$ 的线性函数. 因而在由模糊子集构成的整个论域中, 输出可由分段线性函数表示. 也就是说, 所考察的非线性系统可借由分段光滑的线性系统表征.

Takagi-Sugeno 模糊系统的输出按如下推理

$$y = \frac{\sum_{k=1}^{r} y_k \mu_k}{\sum_{k=1}^{r} \mu_k}$$

式中, μ_k 为由第 k 条规则的推理所确定的输出隶属度值, 若选用单值模糊器, 有

$$\mu_k(x_1, x_2, \cdots, x_n) = \mu_{A_1}(x_1) * \mu_{A_2}(x_2) * \cdots * \mu_{A_n}(x_n) \tag{6.1.3}$$

此处, 算子 "$*$" 为模糊化算子, 由模糊推理常用方法——最小最大平均法及代数积加法平均法可知, 通常可选择取小或代数积进行计算.

例 1 考虑两输入系统, 有以下三条规则

R^1 : If x_1 is PB, Then $y = 5x_1$.

R^2 : If x_1 is PB and x_2 is PB, Then $y = 2x_1 + 0.5x_2$.

R^3 : If x_2 is PB, Then $y = 3x_2$.

当 $x_1 = 10, x_2 = 6$ 时, 如图 6.1 所示, 求该 T-S 系统的输出.

在不同规则下, 由输入可得

$$y^1 = 5x_1 = 5 \times 10 = 50$$

$$y^2 = 2x_1 + 0.5x_2 = 2 \times 10 + 0.5 \times 6 = 23$$

$$y^3 = 3x_2 = 3 \times 6 = 18$$

这里, 模糊算子选择取小 "$\wedge$" 运算, 有

$$\mu_1 = 0.2$$

$$\mu_2 = 0.25 \wedge 0.333 = 0.25$$

$$\mu_3 = 0.5$$

推理输出值则为

$$y = \frac{\displaystyle\sum_{k=1}^{3} y_k \mu_k}{\displaystyle\sum_{k=1}^{3} \mu_k} = \frac{0.2 \times 50 + 0.25 \times 23 + 0.5 \times 18}{0.2 + 0.25 + 0.5} \approx 26.05$$

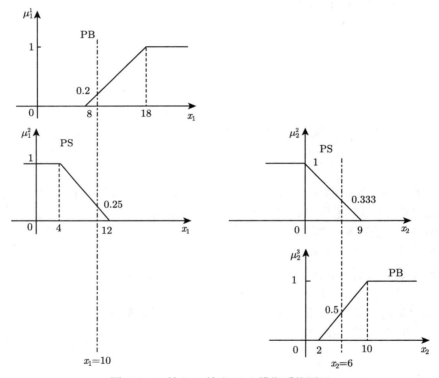

图 6.1　3 输入 1 输出 T-S 模糊系统图示

6.1.2　函数插值

当 T-S 模糊模型的推理结论采用线性函数

$$y_k = a_{0,k} + a_{1,k} x_1 + \cdots + a_{i,k} x_i + \cdots + a_{n,k} x_n$$

时, 式中, $a_{i,k}$ 为实数, k 为规则数, $k = 1, \cdots, r$, i 为输入量的个数, $i = 1, \cdots, n$, 推理输出 y_k 成为输入 $(x_1, \cdots, x_i, \cdots, x_n)$ 的线性函数. 若 $a_{0,k} = 0$, y_k 则为线性

映射函数, 若 $a_{0,k} \neq 0$, 这一函数则为仿射函数, 为统一起见, 这里均称作仿射. 通过实例可以了解 T-S 模型的非线性函数插值的仿射特征.

例 2 考虑单输入 T-S 函数型模糊系统, 两条作用规则分别为

$$R^1 : \text{If } x_1 \text{ is } A_1^1, \text{ Then } y_1 = 2 + x_1$$

$$R^2 : \text{If } x_1 \text{ is } A_1^2, \text{ Then } y_2 = 1 + x_1$$

输入论域上的隶属度函数如图 6.2 所示, 试根据加权平均法求取其推理输出.

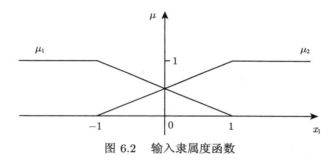

图 6.2 输入隶属度函数

采用加权平均法推理有

$$y = \frac{y_1 \mu_1 + y_2 \mu_2}{\mu_1 + \mu_2}$$

可得

$$
\begin{cases}
y = \dfrac{(2 + x_1) \times 1}{1 + 0} = 2 + x_1, & x_1 < -1 \\[3mm]
y = \dfrac{\left(-\dfrac{1}{2} x_1 + \dfrac{1}{2}\right)(2 + x_1) + \left(\dfrac{1}{2} x_1 + \dfrac{1}{2}\right)(1 + x_1)}{1} = \dfrac{3}{2} + \dfrac{1}{2} x_1, & -1 \leqslant x_1 \leqslant 1 \\[3mm]
y = \dfrac{(1 + x_1) \times 1}{0 + 1} = 1 + x_1, & x_1 > 1
\end{cases}
$$

式中, 当 $x_1 < -1$ 时, $\mu_2 = 0$, 有 $y = 2 + x_1$, 如图 6.3 左半边直线所示, 当 $x_1 > 1$ 时, $\mu_1 = 0$, 有 $y = 1 + x_1$, 为一直线, 如图 6.3 右半边直线所示, 当 $-1 \leqslant x_1 \leqslant 1$ 时, $\mu_1 = -\dfrac{1}{2} x_1 + \dfrac{1}{2}$, $\mu_2 = \dfrac{1}{2} x_1 + \dfrac{1}{2}$, 输出 y 如图 6.3 中间线段.

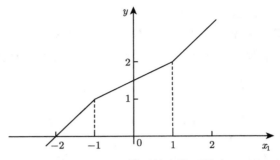

图 6.3   T-S 模型输出推理图示

6.1.3   线性系统插值

T-S 模糊模型具有的函数仿射特性非常重要, 可以推广到线性动力学系统. 考虑在第 k 条规则条件下, 模糊控制系统推理输出

If z_1 is S_1^k and z_2 is S_2^k and, $\cdots$, and z_p is S_p^k, Then $\dot{x}_k = A_k x(t) + B_k u(t)$

式中, $x(t)$ 是 n 维状态向量, $u(t)$ 是 m 维输入向量, A_k, B_k 为相应的状态矩阵和输入矩阵, 这里, 为便于表达采用了与状态空间方程的通用表达式相应的格式, $z(t)$ 为模糊系统的 p 个输入, S^k 为第 k $(k = 1, 2, \cdots, r)$ 条规则条件下输入对应的模糊集合. 该模糊系统可以视作在 r 个线性系统之间的非线性插值函数, 当有输入 $z(t)$ 时, 其输出

$$\dot{x} = \frac{\sum_{k=1}^{r} (A_k x(t) + B_k u(t)) \mu_k(z(t))}{\sum_{k=1}^{r} \mu_k(z(t))}$$

或

$$\dot{x} = \left(\sum_{k=1}^{r} A_k \xi_k(z(t)) \right) x(t) + \left(\sum_{k=1}^{r} B_k \xi_k(z(t)) \right) u(t) \tag{6.1.4}$$

式中

$$\xi^{\mathrm{T}} = [\xi_1, \xi_2, \cdots, \xi_r] = \left[\frac{1}{\sum_{k=1}^{r} \mu_k} \right] [\mu_1, \mu_2, \cdots, \mu_r]$$

假若 $r = 1$, 式 (6.1.4) 所示系统则为一个标准的线性系统. 一般地, 对于 $r > 1$, 在给定输入 $z(t)$, 譬如当 $z(t) = x(t)$ 时, 可根据模糊规则经推理得出相应结论.

考虑单输入 T-S 模糊系统, 设 $z(t) = x(t)$, 且状态向量、控制向量的维数均为 1, 即 $p = 1, n = 1, m = 1$, 在第二条规则, 即 $r = 2$ 时

$$R^1 : \text{If } x_1 \text{ is } S_1^1, \text{ Then } \dot{x}^1 = -x_1 + 2u_1$$

$$R^2 : \text{If } x_1 \text{ is } S_1^2, \text{ Then } \dot{x}^2 = -2x_1 + u_1$$

隶属度 μ_1, μ_2 仍采用图 6.2 所示隶属度函数曲线, 由式 (6.1.4) 可得状态方程

$$\dot{x}(t) = (-\mu_1 - 2\mu_2)x_1(t) + (2\mu_1 + \mu_2)u_1(t)$$

其中, 状态矩阵 $A^{\mathrm{T}} = [-1, -2]$, 控制矩阵 $B^{\mathrm{T}} = [2, 1]$.

当 $x_1 < -1$ 时, $\mu_1 = 1$, $\mu_2 = 0$, 非线性系统由式

$$\dot{x}(t) = -x_1(t) + 2u_1(t)$$

确定, 即第一条规则所示输出的线性系统. 当 $x_1 > 1$ 时, $\mu_1 = 0$, $\mu_2 = 1$, 则为第二条规则确定的线性系统

$$\dot{x}(t) = -2x_1(t) + u_1(t)$$

当 $-1 \leqslant x_1 \leqslant 1$ 时, T-S 模糊系统则为这两个分段线性环节之间的插值, 如图 6.3 所示, 可以看到, 随着输入 x_1 的变动, 虽然方程不同, 但系统输出始终连续.

可以认为, 线性系统可与 μ_1, μ_2 隶属度函数相连接并由状态空间方程表达, 当系统阶数变得更高时, 仍可结合模糊规则的前提隶属度函数, 在状态空间中表达线性系统的推理结论. 由于不同的规则能够将若干线性系统组合起来, 因此 T-S 模糊模型提供了在 r 个线性系统之间进行非线性插值以构成非线性系统的直观方法.

6.2 非线性分析

在非线性系统控制中, 模糊系统理论与方法是最常用、最有效的技术手段, 由于造成系统非线性特性的因素来源较多, 因而对于非线性分析, 并没有一个类似于线性分析那样的一般方法. T-S 函数型模糊模型带来的分段线性特征, 使非线性系统具有在分段线性条件下作相关分析的可能, 本节将在 T-S 分段线性化特性及分段线性系统的基础上, 对非线性分析作简要讨论.

6.2.1　T-S 分段线性化

在 T-S 模糊模型中, 由各模糊子集上的模糊变量共同构成前提输入, 其推理输出表达为在输入模糊子集上的分段线性函数, 因而使 T-S 模糊系统具有分段线性函数的特性, 因而也可以采用分段线性化及降维等对非线性系统进行分析.

考虑单输入三条规则的 T-S 型模糊系统, 每一条规则对应一个线性函数, 模糊子集及隶属度如图 6.4(a) 所示.

由模糊规则可得推理结论, 如图 6.4(b), 三条线段表示了模糊子集上的分段线性函数值, 在模糊子集存在叠加情况的两个开区间 $(5,7)$ 和 $(16,17)$ 内, 根据 T-S 模糊系统推理计算, 可得相应的线性表达, 为了与非叠加情况区分, 在线段上标出了其中若干函数值点. 可以看出, 这是一种与 Mamdani 标准型模糊系统完全不同的结论形式.

按照推理结论的构成形式, 模糊系统分为以下两类:

(1) Mamdani 模糊系统. 其规则推理的前提和结论均为模糊变量形式, 具有在语言上易于理解的特点.

(2) T-S 模糊系统. 结论部分为前提变量的函数, 该函数可为线性或仿射函数.

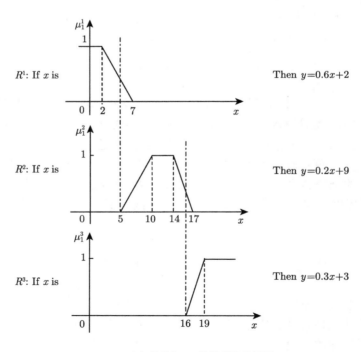

(a) 单输入T-S模糊系统的规则

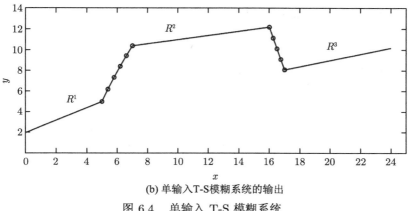

(b) 单输入T-S模糊系统的输出

图 6.4   单输入 T-S 模糊系统

在式 (6.1.2) 表示的 T-S 函数型模糊模型中, 当 $a_{i,k} = 0, i > 0$ 时, 有

$$g_k(\cdot) = a_{0,k} \tag{6.2.1}$$

式中, $a_{0,k}$ 为一单值函数, 这里, 既可以将 $a_{0,k}$ 视作 Mamdani 标准型中结论部分的模糊隶属度函数 (值), 此时则成为 Mamdani 型模糊系统, 也可以视作 T-S 函数型结论时的单值情况, 这种情况下, 则为 T-S 型模糊系统. 显然, 这一单值结论连接了标准型模糊系统与函数型模糊系统. Sugeno 在研究稳定性的过程中, 单独地将其划分为一类——分段多仿射 (Piecewise Multi-Affine, PMA) 模糊系统 (Nguyen et al., 2017). 在模糊系统设计及性能分析上, PMA 模糊系统既充分应用了语言型知识的易理解、可解释的特点, 还能够体现线性函数型分析的优点, 因而为模糊系统的非线性分析提供了良好的条件.

6.2.2   分段线性系统

真实系统几乎总含有各种各样的非线性因素, 以非线性动力学与控制为例, 机械系统中的间隙、干摩擦、轴承油膜、结构系统的大变形、非线性材料的本构关系等都是带来系统非线性的主要因素, 控制系统中的时滞、非线性控制策略及混沌等均为造成系统非线性的原因. 线性系统只是真实系统的一种简化模型. 尽管这种线性并非总是可靠的, 被忽略的非线性因素有时会在分析和计算中引起无法接受的误差, 但是, 通常情况下, 线性系统模型提供了对真实系统动力学行为的很好逼近.

分段线性系统是非线性系统的一种形式, 也是对非线性系统进行近似线性化后得到的结果. 假若对于非线性系统尚无可靠的分析方法, 那么, 对其进行分段线性分析, 在一定程度上, 与忽略某些关键但可能起反作用的非线性因素相较, 不失为一种合理的选择.

考虑单自由度非线性系统, 其运动微分方程形如

$$m\ddot{x} + p(x(t), \dot{x}(t), t) = f(t) \tag{6.2.2}$$

式中, $m\ddot{x}, p(x(t), \dot{x}(t), t), f(t)$ 分别为系统惯性力、非线性内力和外激励, 式 (6.2.2) 描述了三者之间的力平衡关系. 假若非线性内力表现为弹性约束与间隙, 那么, 式中

$$p(x) = \begin{cases} \lambda k, & x \leqslant \delta \\ \delta k + k(1+\lambda)(x-\delta), & x > \delta \end{cases} \tag{6.2.3}$$

其中, $p(x)$ 为分段线性弹性回复力, 系统简图如图 6.5 所示, 图 (b) 表示了系统的分段线性特性.

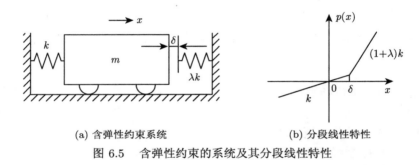

(a) 含弹性约束系统　　　　　　　　(b) 分段线性特性

图 6.5　含弹性约束的系统及其分段线性特性

同时, 将图 6.5(b) 与图 6.3 及图 6.4(b) 相比较, 可以直观地看出, 非线性动力学系统的分段线性化, 与 T-S 函数型模糊系统的分段线性特性, 具有表达上的一致性. 从本质上讲, T-S 模型体现了输入空间上的若干模糊子集之间, 在输出状态上的分段线性特质, 而分段线性弹性回复力是造成该性状的原因, 因此, 对于非线性系统的分段线性化, 二者在处理方法上也是一致的.

面对非线性系统动力学分析与控制问题, 模糊 T-S 模型分段线性化是一种有效的处理方法.

6.2.3　模糊系统的非线性分析

模糊控制系统的标准设计过程已在第 4 章给出详细介绍, 通过一些例子也说明了模糊控制器设计是一个反复调整 Mamdani 模型、规则库方法与参量, 并进行计算和实验的过程. 可以看出, 模糊控制系统的设计并非必须基于对象系统的数学模型, 那些简单的、可线性化的控制对象, 建立其数学模型的目的, 常在于帮助设计者更多地了解系统本身的固有特性, 譬如小车一级倒立摆系统的数学模型.

已经知道, 当系统非线性增加而趋于复杂时, 即使不再建立对象系统的精确数学模型, 或其求解受到许多假设和条件制约的运动微分方程, 也是可以实现控

制并达到性能指标的, 例如二级倒立摆模糊控制系统. 在这种情况下, 运用非线性分析方法对模糊控制系统的优势进行分析, 显然是不可能和不现实的.

关于稳定性分析, 现有方法常常以满足连续性为限制条件, 或者必须为线性, 甚至须是某种特定的数学格式 (绪方胜彦, 1976), 若应用于模糊控制系统, 例如, 对于稳态跟踪及描述函数方式下的极限环分析等, 更限定为必须具备线性时不变系统的条件. 显然地, 理论分析方面的限制实际上已显示了模糊控制技术的先进性, 也就是说, 在尚无非线性分析支持的情况下, 模糊控制系统设计与实现已取得了很大的发展 (Passino and Yurkovich, 1998).

综上所述, 本章对于非线性分析的讨论, 将有助于在模糊系统设计中避开一些陷阱, 例如失稳、极限环、稳态误差等规则设置错误等, 同时, 还可为如何提升模糊控制器的优良性能提供更多视角.

对于模糊系统的稳定性分析, Lyapunov 方法仍是一类一般性分析方法, 本章将在 6.3.3 小节对模糊控制系统的稳定性进行 Lyapunov 分析, 此外, 本章介绍的 Takagi-Sugeno 函数型模糊系统, 从其推理结论为前提条件的非线性函数的方式, 如式 (6.1.1), 也可以看出, T-S 函数型模糊模型以及 PMA 模糊系统均能够为 Lyapunov 稳定性分析提供更多的技术途径.

6.3 模糊控制系统的性能分析

模糊控制系统的核心包括两个内容: 一是模糊隶属度函数 (值), 这一点也是模糊系统的核心思想; 二是 If-Then 模糊规则推理, 即根据模糊推理获得对象系统的控制策略. 这两个核心内容是将模糊控制系统与经典控制、现代控制及其他智能控制系统区别开来的关键. 因此, 一方面, 模糊控制系统的性能与模糊隶属度函数及模糊推理等设计过程密切相关, 另一方面, 也使得一般控制系统的性能分析不能适用于模糊控制系统. 不失一般性, 按照控制系统的静、动特性, 以及稳定性与鲁棒性等性能分析方法, 本节将讨论模糊控制系统的相关性能与分析.

6.3.1 模糊控制系统的特点

模糊控制是智能控制的主要理论与方法, 不仅具有智能控制系统的特点, 还具有其核心特质带来的不同于其他智能控制方式的显著特点.

第一, 模糊控制是**语言型推理**策略控制. 控制律由经验知识和规则推理而来, 对于系统的输入量与输出量之间的动态响应关系具有可解释的特性.

第二, 模糊控制具有**较强的鲁棒性**. 由于模糊隶属度函数在一个区间内描述系统的状态变量, 因而对系统输入噪声具有较强的抑制作用, 当受控对象受到扰动时, 模糊系统具有较强的抗干扰能力, 表现出较强的鲁棒性. 这一特点使得模糊系统在控制实验中率先获得了成功, 也是模糊控制获得广泛应用的重要原因.

第三, 模糊控制是**处理非线性、不确定性**等问题的有力工具. 构成模糊控制器的四个部分——模糊化、规则库、模糊推理、逆模糊化, 每一部分均具有若干具体的设计方法, 因而能够通过设计获得满足对象系统性能的总策略. 同时, 这四个部分独立又相连的特点, 使得模糊系统易于与其他经典控制、现代控制及智能控制方法相结合, 形成多种多样的集成式智能控制 (诸静, 2005).

模糊控制系统还具有其他一些特点, 例如, 无须建立精确数学模型、不必求解复杂系统微分方程、可在线调参、一定的自适应特性等智能控制的基本特点, 以及不具有自学习能力等模糊系统的局限性. 正如智能系统是由模拟人类智能诸多方面的感知、认知、思维、行为和运动功能等许多系统, 共同构成的一样, 模糊控制也是智能控制中实现了局部功能和性能的子系统, 而且, 已显示出其独有的特点和巨大的价值.

6.3.2　模糊控制系统的静态特性

静态特性反映的是当控制信号为定值或系统变化缓慢即进入稳态时, 受控对象的输入与输出之间的关系, 静态特性的主要指标有灵敏度、迟滞、漂移和静态误差等. 模糊系统的静态特性与规则库密切相关. 由表 4.3 和表 4.4 可知, 设计规则库需遵循完备性、一致性、相容性和连续性等要求.

6.3.2.1　模糊控制规则的完备性及其影响

控制规则的完备性, 是从输入输出的角度讨论的, 即对于任意的模糊输入量 x, 由控制规则均能推理出一个相应的控制量 u, 也就说, 不可有输入而无输出. 假若模糊规则库不完备, 则将发生匹配不能完成的情况, 例如, 对于表 3.1 倒立摆的规则表, 若规则不完备, 当以查表法的形式求取控制输出时, 将无法获得控制量导致不正确的输出, 使系统失稳或控制性能变差.

对于非线性程度较低、环境条件变化较小的对象系统, 设计较简单的模糊控制器时, 若进行适当的模糊空间分割并选择合适的模糊隶属度函数, 建立一个完备的模糊控制规则库是较易实现的, 例如, 以系统误差和误差的变化量为输入的模糊控制器 (时招军等, 2006).

当对象系统趋于复杂时, 达到控制规则完备性的难度将逐渐增加. 可通过如下定义考察规则库的完备性, 已知规则库

$$R^k: \text{If } X^k \text{ Then } Z^k \tag{6.3.1}$$

若对 $\forall x_i \in X^k, \exists \varepsilon > 0$, 使得

$$\bigcup_k \mu^k(x_i) > \varepsilon \tag{6.3.2}$$

则称该规则库是完备的, 式中, R^k 为第 k 条规则, X^k, Z^k 分别为第 k 条规则时输入条件集与输出结论集, $\mu^k(x_i)$, $i = 1, 2, \cdots, n$ 为第 k 条规则时第 i 个输入 x_i 的隶属度函数 (值). 式 (6.3.2) 表明, 对任意输入, 其隶属度函数是完备的, 如此就能够保证模糊控制规则是完备的.

完备性的要求是可以实现的, 由于在确定输入与输出的模糊子集时, 其空间划分是连续的, 隶属度函数也是连续或有交叉重叠的, 因此, 任意输入模糊变量一定可以满足某一推理规则的前提条件, 图 6.6 给出了输入论域上模糊子集之间空缺的情形, 在设计规则推理的条件时, 应当避免出现图示情况. 此外, 由于规则库中输入输出数据对之间是一一对应的, 因此, 一定有输出控制量造成了当前的输入状态, 所以, 在适当分割模糊空间时, 可使式 (6.3.2) 成立, 即规则库的完备性是可以达到的.

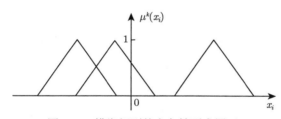

图 6.6 模糊规则的完备性要求图示

6.3.2.2 模糊控制规则的一致性及其影响

一致性指的是规则集中不可有 "If 部分相同, Then 部分不同" 的规则, 一致性也称为相容性, 对模糊控制系统的性能影响较大. 在规则库的设计过程中, 已遵循了一致性的设计原则, 即对于给定的相同前提输入条件, 其推理结论必须一致.

在实践中, 系统输入量的选择及输入量之间的关系, 对保证规则一致性的作用较关键. 首先, 在选择输入变量时, 应使每一个输入量尽可能表达本质的特定信息, 且输入参量之间在物理概念上应具有明显的差异, 例如, 速度和加速度均表达了特有的本质信息, 且在物理意义上具有显著区别, 这样就可使前提条件具有明显的差异, 且在此情况下能够相应地求得不同的结论. 其次, 还能够保证在输入前提条件类似时, 结论之间具有较大的相似性, 也就是保证了一致性.

在实践过程中, 可以采用相似度衡量规则的输入条件之间的一致性, 当相似性较大时, 对应的输出结论之间的相似性也应当较大, 从而在整体上保持了规则的一致性, 模糊控制系统就可实现较好的静态特性.

设 A, B 分别是输入论域 X, Y 上的模糊子集, 其相似度

$$\text{sim}(A, B) = \frac{1}{2}[A \circ B + (1 - A * B)] \tag{6.3.3}$$

$$A \circ B = \bigvee_{\min\{n,m\}} (\mu_A(x_i) \wedge \mu_B(y_j))$$

$$A * B = \bigwedge_{\min\{n,m\}} (\mu_A(x_i) \vee \mu_B(y_j))$$

式中, n, m 分别为输入 x, y 在各自论域上的模糊子空间个数, $i = 1, 2, \cdots, n$, $j = 1, 2, \cdots, m$, $A \circ B$ 称为 A 与 B 的内积, $A * B$ 称为 A 与 B 的外积. 当 $\mathrm{sim}(A, B) = 1$ 时, 称 A 与 B 完全相似, 当 $\mathrm{sim}(A, B) = 0$ 时, 称 A 与 B 不相似, 当 $\mathrm{sim}(A, B) \in (0, 1)$ 时, 称 A 与 B 相似.

同理, 可以计算结论之间的相似度

$$\mathrm{sim}(C_A, C_B) = \frac{1}{2}[C_A \circ C_B + (1 - C_A * C_B)]$$

式中, C_A, C_B 为结论论域 Z 上分别对应于前提条件 A 和 B 的输出. 当输入条件 A 和 B 之间的相似性较强时, 输出结论之间也应当具有较强的相似性, 如此就保证了规则的一致性, 即

$$|\mathrm{sim}(C_A, C_B) - \mathrm{sim}(A, B)| \to 0 \tag{6.3.4}$$

6.3.2.3　模糊控制规则的干涉性及其影响

模糊控制规则的干涉性, 是指不同规则之间, 由于在输入空间上的划分干涉性较强, 而导致的错误结论的情形, 例如, 图 6.7 给出了模糊控制规则的干涉性图示, 在基本对称的、均匀的隶属度函数分布上, 或模糊子集之间隶属度函数 (值) 重叠较多, 或叠加了跨越两个模糊子集的模糊隶属度函数, 虽然在划分上可能更细致了, 但是, 因不同语言值的隶属度函数 (值) 几乎相同, 控制规则之间呈现出较强的干涉, 将导致推理输出可能不在任何一条规则下, 而使控制系统失稳.

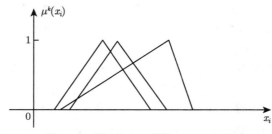

图 6.7　模糊控制规则的干涉性图示

若模糊规则之间两两不干涉, 即对于式 (6.3.1), 有

$$X_i \cap X_j = \varnothing \tag{6.3.5}$$

式中, X_i, X_j 为输入的模糊子空间, $i, j = 1, 2, \cdots, n, i \neq j$. 但是, 输入论域上严格的不干涉, 已使得控制策略的求取失去了模糊性——亦此亦彼的特性, 因此, 需要避免的是规则之间的强干涉, 即避免

$$\exists \cup (X_i \circ R) * (X_j \circ R) \neq Z_i \tag{6.3.6}$$

式中, X_i, Z_i 为输入量的第 i 个模糊子集对应的输出模糊子集, 为显著起见, 这里使用关系矩阵 R 表示输入输出之间的模糊关系. 式 (6.3.6) 表示若模糊规则之间具有较强干涉, 将导致对模糊关系进行合成运算后的控制量太模糊, 控制结论缺乏明确意义, 以至于不再属于 Z_i, 最终导致系统性能下降.

6.3.2.4 模糊控制规则的连续性及其影响

以上影响模糊控制系统静态特性的关于模糊规则的完备性、一致性和干涉性, 均与输入空间设计造成的影响有关, 模糊规则的连续性则指的是模糊输出空间上的结论部分的影响, 也就是结论空间的连续性. 模糊控制规则的连续性, 要求邻近规则的 Then 部分之间的模糊交集非空, 即对于式 (6.3.1) 的推理过程, 有

$$\bigcap_k \mu^k(z) \neq \varnothing \tag{6.3.7}$$

式中, $\mu^k(z_l), l = 1, 2, \cdots, s$ 为第 k 条规则时第 l 个输出 z_l 的隶属度函数 (值). 若以图 6.8 所示, 输出模糊子集应当为连续的空间划分, 论域上不可有空集部分, 否则, 控制过程中将无法判断系统的静态特性, 控制系统将失稳甚至崩塌.

图 6.8 模糊输出空间的连续性要求

6.3.3 模糊控制系统的动态特性

控制系统的动态特性包括上升特性、超调量、调节时间、振荡、抗干扰及稳态误差等. 影响模糊控制系统动态性能的因素则有语言变量的选择、模糊隶属度函数的形态及参数、控制规则及规模、推理方法、逆模糊化方法以及论域调节增益因子等因素, 由于 Mamdani 标准型模糊系统不具备自适应和学习功能, 模糊控制系统设计完成后, 无法根据对象系统与环境的变化在控制过程中及时调整控制策略, 因此, 需在设计阶段详细分析诸因素对性能指标的影响及其综合评价.

6.3.3.1　隶属度函数及其参数的影响

　　模糊隶属度函数 (值) 的选择与设定, 不仅对模糊控制系统的静态特性影响显著, 对其动态特性也具有明显的影响. 模糊语言变量的选择、模糊空间分割的情况、隶属度函数种类、隶属度函数的参数等因素, 决定着控制系统的动态响应过程、时长和振荡等特性. 通常情况下, 按照对象系统在控制作用下的作用过程, 其隶属度函数常常选取为对称型, 例如, 高斯隶属度函数, 其中心值和方差值的选择非常重要, 假若参数选取不当, 那么输入量的隶属度可能最终由噪声决定.

　　一般地, 隶属度函数参数的选择可遵循

$$w_p \geqslant 5\sigma_p \tag{6.3.8}$$

式中, w_p 为第 p 模糊子集当隶属度为 0.5 时隶属度函数的宽度, σ_p 为高斯函数中的均方差值, 如图 6.9 所示, 图中细线表示的隶属度函数, 噪声影响将较大些, 粗线表示的隶属度函数, 噪声影响较小些.

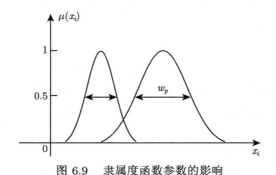

图 6.9　隶属度函数参数的影响

6.3.3.2　量化因子等其他参数的影响

　　关于规则库中的数据预处理, 在 4.3.5 小节中对各语言变量的尺度变换因子、论域空间分割量化等已提出若干设计要求, 但在实验和控制过程中, 常常需要根据控制性能调整量化因子、论域增益调节因子等参数, 论域增益调节相关内容可参考 4.5.5 小节. 此外, 隶属度函数的形态、模糊规则推理的方法、解模糊方法等的选择与组合使用, 均会对控制性能造成一定的影响, 需要在实践中反复调试, 增加经验知识, 以达到更好的控制性能.

　　由于模糊控制是一类符号型语言控制方法, 在模糊控制器的四个组成部分的设计过程中, 均包含了设计者个体对控制系统的经验、理解、认识、描述和性能目标等, 因此, 各环节和参数的影响在许多方面可能共同造成了控制的动静态特性的差异, 本节讨论了其中的主要影响因素, 其他因素也可作类似的分析. 需要注意的是, 对于同一对象系统的设计, 可能在控制规则、规则参数等方面的选择各不相同, 但是, 均可达到良好的控制效果和动静特性, 因而也是成功的控制, 试想一下儿童把玩倒立摆杆的情景就可以很容易地理解这一点.

6.3.4 Lyapunov 稳定性分析

控制系统的稳定性, 一直是需要被确定的一个重要问题. 如果系统是线性定常的, 那么有许多稳定性判据, 如 Nyquist 判据、Routh 判据等可用于稳定性分析. 当系统是非线性的, 或是线性但为时变时, 这些判据是不能应用的, 一些其他方法虽然可用于某些特殊类型的非线性系统, 但并非一般性方法, 例如, 描述函数法对于稳定性问题只是近似的, 而建立在相平面法基础之上的稳定性分析也只能用于一阶和二阶系统.

Lyapunov 稳定性分析有两种方法. 第一种方法需将非线性系统适当线性化后通过特征值来对系统的稳定性进行判定的, 因而第一方法也称为 Lyapunov 间接法. 当非线性系统的精确解不能求得时, 也就是无法获得微分方程解的明显表达式的情况下, 用 Lyapunov 第二方法 (也称为 Lyapunov 直接法) 来分析非线性系统的稳定性将非常方便. 由于求解非线性系统或时变系统状态方程的解通常很困难, 例如, 二级倒立摆系统在建立运动微分方程后, 求解时需要设定许多约束条件才可以进行讨论, 而这些假定常因不能满足而被打破, 因此, Lyapunov 第二方法具有很大的优越性. 这种方法可以用于任意阶系统, 因而是确定非线性系统或时变系统稳定性的较一般方法.

考察系统

$$\dot{x} = f(x,t) \tag{6.3.9}$$

式中, x 为 n 维状态向量, $f(x,t)$ 是 n 维向量, 它的各元素是 $x_1, x_2, \cdots, x_n$ 和 t 的函数. 在式 (6.3.9) 的系统中, 对所有 t, 总存在

$$f(x_e, t) = 0 \tag{6.3.10}$$

则称 x_e 为系统的平衡状态. 对非线性系统, 可有一个或多个平衡状态. 任意一个彼此孤立的平衡状态, 都可通过坐标变换, 移到坐标原点处, 即 $f(0,t) = 0$. 因此, 本书只讨论这种状态的稳定性分析.

由力学的古典理论知道, 如果一个振动系统, 当系统的总能量 (正定函数) 连续地减小 (这意味着总能量对时间的导数必然是负定的), 直到平衡状态时为止, 那么振动系统是稳定的. 由于对纯数学系统来说, 构造一个定义 "能量函数" 的方法不具有普遍性, 因此, Lyapunov 函数是一个虚构的能量函数, 而 Lyapunov 稳定性分析有时又被称为能量法分析.

二次型函数是比较重要的纯量函数, 常常用来构建 Lyapunov 能量函数, 用

$V(x, t)$ 表示. 对式 (6.3.9) 所示的系统, 若存在一个具有连续一阶偏导数的纯量函数 $V(x, t)$, 满足

(1) $V(x, t)$ 是正定的;

(2) $\dot{V}(x, t)$ 是负定的.

那么, 该系统在原点处是全局渐近稳定的, 且

$$\dot{V}(x(t)) = \nabla V(x(t))^{\mathrm{T}} f(x(t)) \tag{6.3.11}$$

式中, $\nabla V(x(t))$ 为 x 的梯度函数

$$\nabla V(x(t)) = \left[\frac{\partial V}{\partial x_1}, \frac{\partial V}{\partial x_2}, \cdots, \frac{\partial V}{\partial x_n} \right]^{\mathrm{T}}$$

在实际应用中, 对于非线性系统的稳定性分析, 并不总是容易找到一个 Lyapunov 函数 V, 以保证能够满足稳定条件, 常常需要根据所考察对象进行具体分析. 关于这一部分内容, 可参见 9.1 节模糊系统进展中, 由 Sugeno 最新提出的, 以 T-S 函数型模糊模型为基础的 Lyapunov 稳定性分析探索.

6.4　应用 MATLAB 平台学习与分析模糊系统

在工具与学习软件平台 MATLAB 中, 开发有专为模糊系统学习与应用的工具箱 Fuzzy Logic Toolbox(模糊逻辑工具箱). 借助 MATLAB 平台强大的函数、计算、图形和仿真等功能, 模糊逻辑工具箱在隶属度函数、模糊聚类、模糊逻辑、模糊控制等方面, 提供了关于模糊系统的大量深入且细致的概念、方法、理论和相关应用等内容. 这些内容丰富翔实, 对于学习和掌握模糊系统理论, 具有很大的帮助, 对于应用和开发模糊系统相关技术, 也可起到事半功倍的作用.

6.4.1　模糊逻辑工具箱概述

作为一种学习与应用软件平台, 模糊逻辑工具箱简洁直观地描述了模糊概念、隶属度函数、模糊逻辑与推理, 以及模糊聚类、模糊控制等理论与应用, 本节将按照该线索简要概述模糊工具箱.

在 MATLAB 不同版本中, 模糊逻辑工具箱的基本内容是相同的, 在学习和使用中可以不受此影响.

6.4.1.1　关于模糊隶属度概念

关于模糊概念和隶属度函数, 模糊逻辑工具箱选用模糊概念 "周末", 引出模糊隶属度函数 (值) 的定义, 如图 6.10 所示.

图 6.10(a) 列举了经典集合中, 属于或不属于 "周末" 集合的元素情况, 显然地, "星期六和星期日" 属于该集合, 其他则不属于该集合. 但是, 由于个人看法、

文化背景甚至字典的释义都不尽相同和精确, 如何真正理解周末为星期五晚上到星期一早上或星期六早上到星期一早上, 模糊概念将变得更有价值, 图 6.10(b) 表示了星期四到星期一各元素属于集合——"周末"的资格和程度, 平滑曲线则定义了输入空间 (一周中的各天) 到输出空间 (周末的程度) 的函数, 称为隶属度函数.

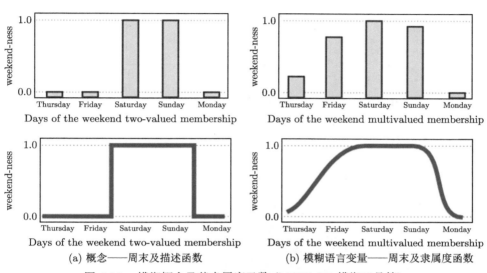

Days of the weekend two-valued membership

Days of the weekend multivalued membership

Days of the weekend two-valued membership

Days of the weekend multivalued membership

(a) 概念——周末及描述函数　　　　(b) 模糊语言变量——周末及隶属度函数

图 6.10　模糊概念及其隶属度函数 (MATLAB 模糊工具箱)

通过这一简洁的实例, 可以看出, 模糊语言变量及模糊隶属度函数等入门概念和理论已得以直观地表达.

在多个模糊概念之间的逻辑关系上, MATLAB 平台用小费、服务、食品质量等, 简练地刻画了通常并不容易精确地表达的日常事务. 首先, 小费和服务之间的关系可以由线性或非线性关系描述, 如图 6.11(a), 由于通常会支付 15% 的小费, 假设中部为平坦线段, 当服务异常好或坏时, 通过指定一个变化可以反映这种变动, 如图中横直线段两侧的斜线.

假若考虑决定小费的另一因素——食物, 那么, 输入变量将扩展为两维, 然后再次考虑小费, 如图 6.11(b), 为若干区间上的一种均匀线性关系. 尽管看起来已较为直观, 但是其功能、应用和解释似乎变得更复杂了.

图 6.11(c) 表示了同时考虑服务和食物与小费的模糊规则关系, 其中, 规则关系基于一些常识性的陈述, 还可以添加其他的规则表达个人认为的三者之间的关系, 因为 "平均小费" 的概念可能每天都在变化, 但是基本逻辑是相同的: 如果服务良好, 则小费应该是平均的. 可以看出, 借助模糊逻辑关系, 图 6.11(c) 明确地表示了小费问题.

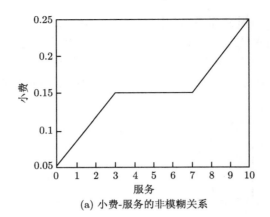

(a) 小费-服务的非模糊关系

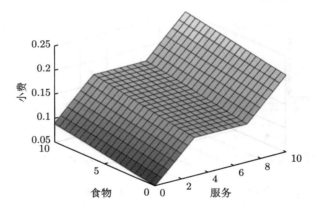

(b) 小费-食物-服务之间的均匀线性关系

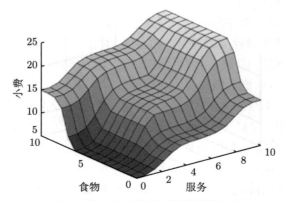

(c) 小费-食物-服务之间的模糊逻辑关系

图 6.11　两输入-输出模糊逻辑与规则示例

在与模糊概念相关的模糊变量、隶属度函数、模糊逻辑、模糊规则等内容上，模糊逻辑工具箱通过丰富而简洁的实例，由简到繁，细致而深入地论述了模糊系统的理论基础，"周末" 和 "小费" 等只是其中个例，上述描述过程，限于篇幅，也只给出了其中的几个步骤，详尽过程，可具体参考工具箱导引.

6.4.1.2 模糊逻辑工具箱函数

函数是软件平台实战的核心. 模糊逻辑工具箱函数以模糊逻辑设计 (Fuzzy Logic Designer) 的方式，按照模糊逻辑系统建模 (Fuzzy Inference System Modeling) 的过程分六个部分给出，而且，设计过程均以可视化、对话框的形式给出，直观且易于使用. 模糊逻辑系统建模六大部分包括：

(1) 创建模糊系统;

(2) 确定模糊隶属度函数;

(3) 确定模糊规则;

(4) 模糊推理及可视化;

(5) 文件读取和写入;

(6) 隶属度函数库.

模糊逻辑设计窗口，则以下拉菜单的形式详尽给出以上六大部分的功能设计. 例如，在创建模糊系统步骤中，可以选择 Mamdani 标准型、Sugeno(T-S) 函数型中的任意一种，在确定隶属度函数步骤中，可以选取不同的模糊空间分割和相应参数，以及不同的隶属度函数形式，例如，高斯型、Gbell 型、三角型和梯形等等. 在对话窗口中的各选项操作简易可行，且通过模糊推理及可视化步骤中的相应函数功能实现，可实时地观察所设计的模糊模型，修改、存取都非常方便.

6.4.1.3 模糊逻辑工具箱主要功能

模糊逻辑工具箱为模糊系统的学习与应用提供了良好的平台条件，对于模糊系统的基本概念和基本方法，工具箱给出了详尽的阐述，并采用丰富的实例进一步讨论了模糊逻辑设计与应用. 通过使用模糊逻辑工具箱，可以实现以下功能：

(1) 模糊系统设计. 主要由模糊逻辑设计模块中的若干函数完成，这些函数种类齐全，功能强大，如 6.4.1.2 小节中介绍.

(2) 设计方案与结果的可视化. 模糊逻辑设计应用模块中，设计过程与步骤以对话框和参数选择的方式给出，易使用修改.

(3) Simulink 仿真. 借助 MATLAB 平台的仿真模块，可进行与模糊逻辑设计有关的系统仿真，且可直观地调整观察控制规则及规则影响等.

(4) DEMO 实例. 近 20 个包括模糊聚类、模糊控制和模糊辨识的实例，充分展现了模糊逻辑在图像分析、分类和聚类、自动控制等方面的应用和进展，对相关领域的深入探索具有指导作用.

　　通过学习使用模糊逻辑工具箱, 还可获得许多关于模糊系统理论与应用等知识技能, 由于大部分例证均来自于模糊系统发展历程中的经典文献, 因此通过标识可以快速获取相关信息和资料, 从而深入了解模糊逻辑的发展历程, 此外, 可视化设计过程使得设计者可以详尽观察模糊逻辑设计中的步骤及其效果, 一方面, 可借此充分理解与模糊逻辑相关的概念和方法, 另一方面, 又可充分了解模糊逻辑设计所具有的可解释性.

6.4.2　模糊聚类例

　　模糊聚类工具箱实现了数据的模糊 c-均值聚类功能 (这里, c-均值同 k-均值), 所依据理论方法可见工具箱论述, 也可参阅本书第 5 章相关内容, 本节只给出该模块中有助于理解和观察聚类过程的可视化聚类过程.

　　聚类工具适用于多维数据集, 但在绘图上仅显示其中两个维度. 使用 fcmdemo 命令, 可以启动一个 GUI, 该 GUI 使用模糊 c-均值算法的各种参数设置, 并可观察对所得二维聚类的影响, 图 6.12 为模糊 c-聚类迭代过程中预选聚类中心及其更新过程.

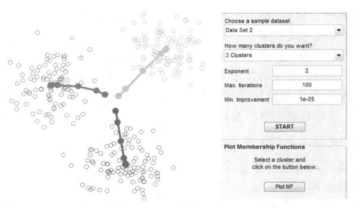

图 6.12　模糊逻辑工具箱聚类过程及参数选择

　　图中右侧为工具箱提供的对话框, 可选择不同的预设数据集、聚类数 c、模糊因子、迭代步数、误差容限等, 可从右侧的下拉菜单中选择一个样本数据集和任意数量的聚类, 然后单击 "START" 以启动模糊 c-均值聚类过程. 图左为在数据集为 Data Set2、聚类数为 3、迭代次数为 100 及误差为 1×10^{-5} 时的聚类过程及最终结果.

　　聚类由工具箱函数 fcm 执行, 由于聚类初始点是任意选定的, fcm 为每个数据点分配每个群集的成员资格等级, 通过迭代更新每个数据点的聚类中心和成员资格等级, 可以看出, 三个聚类中心起初是较为接近的, 通过 5 次迭代, 就逐渐收敛到了最终聚类中心附近, 聚类过程清晰直观, 对于充分理解模糊 c-均值聚类算法很有帮助.

6.4.3 模糊控制系统实例及演示

考虑线性系统的动力学方程

$$M\ddot{x}(t) + C\dot{x}(t) + Kx(t) = f(t)$$

当受到外力 $f(t)$ 时, 通过求解微分方程可以获得系统运动的状态和位置, 微分方程理论保证了解的存在性、唯一性和连续依赖性等. 假若指定一个位置或角度, 求取系统运动到要求位置或角度, 所需要的外力 $f(t)$, 就是动力学的反问题, 对于线性系统, 通过求解系统, 能够获得相应的控制力. 但是, 对于非线性系统

$$\begin{cases} M\ddot{x}(t) + q(x(t), \dot{x}(t)) = f(t) \\ x(t_0) = x_0, \dot{x}(t_0) = \dot{x}_0 \end{cases}$$

求解微分方程变得不再容易, 因而非线性系统的动力学反问题, 由于缺少完整理论, 常常会遇到无解、多解和数值病态等问题. 在控制系统中, 动力学的反问题, 也可视作控制器的设计问题. 因而对于非线性对象系统的控制设计, 经常需要针对具体问题确定专门方案.

模糊逻辑工具箱在模糊控制设计实例中以两关节机器人手臂为例, 给出了设计方案及过程. 这是机器人技术中的一个典型问题, 首先需要控制机械臂到达指定的位置, 然后执行相应的任务, 这里, 只讨论第一步——位置控制, 如图 6.13 所示. 在二维输入空间中, 若给定了机械臂末段的目标坐标, 应当如何机械臂转动并转动多少角度才可将其末端控制到要求位置, 这一任务与倒立二级摆相比, 在动力学反问题的求解上, 难度更大.

首先, 建立坐标系, 如图 6.13(a), 机械臂 1 与横轴之间的夹角为 θ_1, 机械臂 2 与臂 1 轴线之间的夹角为 θ_2, 机械臂长度分别为 l_1, l_2, 为便于处理, 假设第一关节和第二关节均具为有限的旋转角度, 且 $0 \leqslant \theta_1 \leqslant \pi/2, 0 \leqslant \theta_2 \leqslant \pi$, 该假设消除了需处理的某些特殊情况及其复杂性, 同时, 完全符合实际工程应用背景要求.

其次, 对于 θ_1 和 θ_2 位置的不同组合, 根据动力学方程, 可以推导出 x 和 y 的坐标, 图 6.13(b) 为 θ_1 和 θ_2 不同组合情况下的 x-y 位置数据点. 在此基础上, 模糊逻辑工具箱利用工具箱函数 Anfis 构建了机械臂末段位置与 θ_1 和 θ_2 之间的训练网络.

最后, 当给定特定任务时, 例如使机械臂在装配线中移动并抓取零件, 控制系统将使用经过训练的 Anfis 网络, 就像查找表一样, 按照机械臂末端期望位置与当前位置, 确定施加在关节上的控制力, 以使它们向给定的期望位置运动.

　　在实例演示中, 只要选定为机械臂末段位置轮廓内的点 (表示经过训练的数据网格), 系统将做出平稳响应, 表明两关节机械臂控制系统能够实现平稳控制. 但是, 当指定点移动到该轮廓范围之外时, 系统响应将不可预测, 这强调了模糊系统基于预期操作范围来生成并训练数据的必要性, 以避免失稳及不可控等问题.

　　模糊逻辑工具箱通过两关节机械臂的非线性动力学分析与控制过程, 完整地展示了动力学分析与建模、输入输出数据训练、模糊系统控制实施等环节, 内容详尽, 分析全面, 完全可用于其他对象系统的分析与控制时参考.

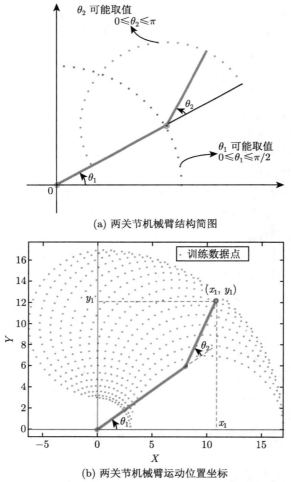

(a) 两关节机械臂结构简图

(b) 两关节机械臂运动位置坐标

图 6.13　模糊逻辑工具箱两关节机械臂末段位置控制设计实例

6.4.4 模糊控制系统的 Simulink 分析

模糊逻辑工具箱可在 Simulink 环境中工作, 使用 GUI 工具或其他方法创建模糊系统后, 即可将系统直接嵌入仿真中. Simulink 是一个模块图环境, 提供了图形编辑器、可自定义的模块库以及求解器, 支持系统设计、仿真、自动代码生成以及嵌入式系统的连续测试和验证, 可用于多域仿真以及基于模型的设计, 能够进行动态系统建模和仿真. 本节将通过工具箱中的一个实例——水箱液位模糊控制的 Simulink 仿真分析, 简要介绍模糊控制系统 Simulink 设计.

水箱液位控制是自动控制系统设计中常用的对象系统, 其原理简单, 易于理解和实施, 如图 6.14(a), 具体要求是当出水口流速变化时, 需通过控制进水口阀门开度以保证水箱的液位保持在期望的数值. 已经知道, 出水口流速与管径 (恒定) 和水箱中的压力 (随液位变化) 有关, 该系统具有典型的非线性特征, 若试图建立液位与这些因素之间的关系模型, 或许能够得以表达, 但是求解往往较为困难, 在实际控制中, 受某些物理量获取测量限制常常也不易实施.

对此, 模糊逻辑工具箱选择液位的变化率及理想液位和实际液位之间的差, 作为模糊控制器的输入, 采用模糊规则来控制进水口流量, 例如, "若液位正常, 且液位变化为负, 则慢关阀门", 以及 "若液位正常, 且液位变化为正, 则慢开阀门" 等等.

将所设计模糊系统代入 Simulink 并在模拟环境中对其进行测试, 图 6.14(b) 为该系统的 Simulink 框图, 包含一个模糊逻辑控制器模块的 Simulink 模块, 通过观察器可实时观测控制曲线及可视动画过程, 如图 6.14(c) 及 6.14(d).

本节概略地介绍了模糊逻辑工具箱的设计、仿真与实例等内容, 着重说明了模糊工具箱在概念、对象、方法、分析和展示上全面而深入的设计与讨论, 想要了解更多模糊逻辑工具箱的具体内容, 可以打开工具箱直接查询浏览和设计使用.

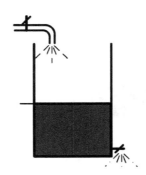

(a) 水箱液位控制系统示意图

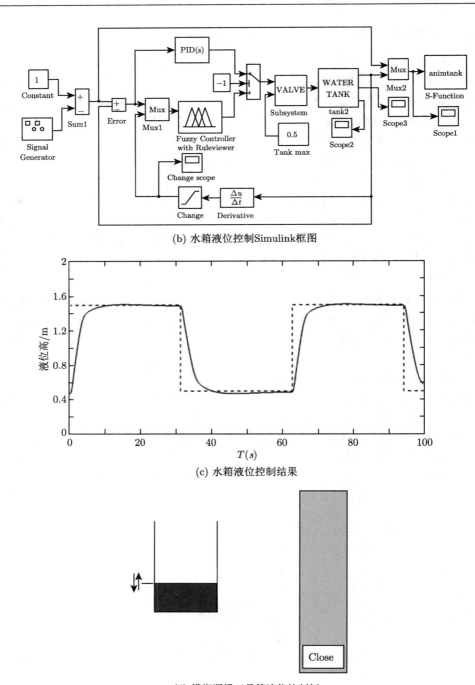

(b) 水箱液位控制Simulink框图

(c) 水箱液位控制结果

(d) 模糊逻辑工具箱液位控制例

图 6.14　水箱液位模糊控制系统 Simulink 仿真及结果

6.5 本 章 小 结

不同于标准型模糊模型的全语言描述模式, Takagi-Sugeno 函数型模糊模型将模糊推理结论, 表达为模糊输入量的一种函数形式. 当选择为线性函数时, 所考察对象则转化为分段线性函数, 这不失为非线性系统的一种有效线性化方式, 而且, 还为采用现代控制工程的分析方法, 提供了研究模糊系统的可能.

本章在介绍 Takagi-Sugeno 函数型模糊模型的基础上, 讨论了模糊控制系统的动静态特性与性能, 并简述了 MATLAB 平台的模糊逻辑工具箱, 读者可借助该工具学习应用模糊系统相关理论和技术.

思 考 题

6.1 简述 T-S 型模糊模型与 Mamdani 标准型的区别, 为什么 T-S 模型可实现非线性函数插值的仿射功能?

6.2 T-S 模糊模型是一种函数型模糊系统, 通过插值可将分段线性的模糊系统转化为光滑的非线性系统. 若对单输入单输出 T-S 模糊系统, 两条规则如

$$\text{If } x_1 \text{ is } A^1, \text{ Then } y_1 = 2 + x_1$$
$$\text{If } x_1 \text{ is } A^2, \text{ Then } y_2 = 2 + x_1$$

论域如下图.

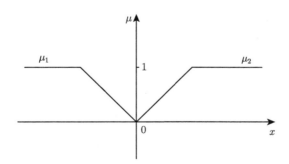

(1) 请写出 T-S 模型的系统输出函数;
(2) 请计算论域上系统输出的分段线性函数表达式;
(3) 请根据 (2) 绘制 y-x 图.

6.3 模糊控制系统有哪些特点?

6.4 模糊系统的静态特性有哪些, 影响静态特性的因素是什么?

6.5 同题 6.4, 模糊系统的动态特性及其影响因素是什么?

6.6 为什么传统控制系统的稳定性分析方法不适用于模糊控制系统, 采用 Lyapunov 方法进行稳定性分析的难点是什么?

参 考 文 献

时招军, 邓辉文, 黄笑鹃. 2006. 基于规则相容性的模糊控制规则 GA 生成方法. 控制工程, 13(2): 145-148.

绪方胜彦. 1976. 现代控制工程. 卢伯英, 佟明安, 罗维铭, 译. 北京：科学出版社.

诸静. 2005. 模糊控制理论与系统原理. 北京：机械工业出版社.

Nguyen A, Sugeno M, Campos V, et al. 2017. LMI-based Stability analysis for piecewise multi-affine systems. IEEE Trans. Fuzzy Syst., 25(3): 707-714.

Passino K M, Yurkovich S. 1998. Fuzzy Control. Boston: Addison-Wesley.

Takagi T, Sugeno M. 1985. Fuzzy identification of systems and its applications to modeling and control. IEEE Trans. Syst. Man, Cybern., SMC-15(1): 116-132.

第 7 章　模糊系统辨识与估计

模糊辨识与估计是利用实验数据或经验信息构建模糊系统的过程. 以系统的输入与输出数据为依据, 由模型辨识与参数估计等方法可建立系统模型, 该系统模型既可用于仿真分析, 也可用于模糊控制器的设计. 若以人工经验为基础, 则可由辨识得到系统的参数化非线性模型, 该模型呈现了给定输入与输出之间的策略制定过程, 给出了模糊规则的构建方法, 亦可用于设计模糊控制器. 由于对非线性系统的了解是在辨识和估计中逐步获得的, 因此本章给出的由数据构建模糊控制器及其规则的方式, 也可视作模糊控制器的设计方法. 可以说, 模糊辨识与估计具有系统建模与控制设计的特点, 这与第 4 章模糊控制部分直接以模糊语言为起点指定一个模糊系统模型的出发点有所不同.

7.1　模糊辨识基础

7.1.1　模型辨识与参数估计

线性系统的辨识包含了模型辨识与参数估计等环节, 模型辨识用于指定系统的阶次或时滞等模型信息, 参数估计则以辨识模型为基础, 对模型参数进行估计. 同样地, 非线性系统的模糊辨识, 也包含了与前提结构或结论结构相关的模型辨识, 以及前提参数及结论参数的参数估计等环节. 已经知道, 在理论上, 当有足够多输入输出数据时, 模糊辨识能以任意精度逼近任一非线性系统 (Kosko, 1994).

辨识数据首先应来自实验, 实验是获取系统输入输出数据的重要来源, 数据可以是在真实系统的实验过程中获取的, 也可以是在仿真实验中获取的, 仿真实验包括了台架实验或计算模拟等过程. 在模糊系统中, 大量的人类经验和先验知识构成的数据库, 为模糊控制器设计提供了规则推理基础, 同时也是辨识数据的重要来源, 例如, 为得到特定的系统输出响应, 专家根据经验知识选择某一控制输入量, 就构成了输入输出数据对, 也可作为模糊系统的辨识数据.

模糊系统的辨识, 无论是对于前提条件部分, 还是对于结论部分, 模糊子集的划分与隶属度函数的确定并不独立, 结构模型的辨识与参数估计的确定是一个反复调整和计算的过程. 也就是说, 模糊结构的模型辨识过程也包含了结构参数的估计过程, 例如, 对于常用单值模糊器, 当用对称三角形隶属度函数时, 因峰值点可略, 即为确定参数 a_j, b_j 或 a_k, b_k 等, 若采用高斯隶属度函数, 则为确定中心值

及宽度 c_j, σ_j 或 c_k, σ_k 等, 如图 7.1 给出的模糊隶属度函数的结构辨识与参数估计示意图.

在辨识过程中, 因结构模型的选择, 同时需选定模型中的各个参数, 因此, 结构辨识与参数估计是同时进行且反复调整的, 非独立展开且无严格的先后顺序, 当对三角形隶属度函数的前提结构进行辨识时, 随着模糊子集的起点、峰值点和终点等参数的确定, 模糊隶属度函数的结构得到辨识, 参数估计也同时完成.

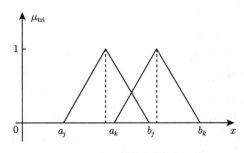

(a) 三角函数模糊器辨识

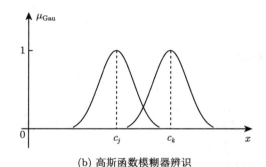

(b) 高斯函数模糊器辨识

图 7.1　模糊系统的模型辨识与参数估计示意图

7.1.2　数据拟合与函数逼近

7.1.2.1　数据拟合

数据拟合是一类函数近似问题, 通过综合一个函数去近似表达由输入输出数据所表示的固有对象, 非线性辨识和非线性估计等均为函数近似方法.

给定函数

$$g : X \to Y$$

其中, $X \subset R^n, Y \subset R$. 构建模糊系统

$$f : X \to Y$$

其中, $X \subset \mathbb{X}, Y \subset \mathbb{Y}$. 若有参数向量 θ (θ 包含了模糊隶属度函数信息), 使得

$$g(x) = f(x|\theta) + e(x) \tag{7.1.1}$$

对于所有 $x = [x_1, x_2, \cdots, x_n]^{\mathrm{T}} \in X$, 近似误差 $e(x)$ 为最小, 称模糊系统 $f(x|\theta)$ 为 $g(x)$ 的近似函数. 可以看出, 对于 g 所包含在输入输出数据对集合中的大量未知函数映射, 模糊系统 $f(x|\theta)$ 通过 θ 选择性地获得了某些映射关系.

选择 g 与模糊系统 $f(x|\theta)$ 之间的误差

$$\sum_{(x^i, y^i)} \left(g(x^i) - f(x^i|\theta) \right)^2 \tag{7.1.2}$$

计算拟合性能指标, 可对有限数据集进行函数近似.

在数据集中, (x^i, y^i) 为 g 的第 i 组输入输出数据对, $x^i \in X, y^i \in Y$, 且 $y^i = g(x^i)$, $x^i = [x_1^i, x_2^i, \cdots, x_n^i]^{\mathrm{T}}$ 为第 i 组数据对中的输入量, x_j^i 则表示第 i 组数据的第 j 个分量, $j = 1, 2, \cdots, n$, n 为输入向量的维数, 也就是被控对象的输入参量数目, 与考察系统时所选择的输入参量类型或数据采集方式等有关, y^i 为第 i 组数据对中的输出量, $i = 1, 2, \cdots, m$, m 为拟合所用的输入输出实验数据对的数量. 理论上, m 越大, 表示训练数据规模越大, 系统辨识将越完备, 但是, 训练集往往是有限集. 这里, 将输入输出数据对

$$G = \{(x^1, y^1), \cdots, (x^m, y^m)\} \subset X \times Y \tag{7.1.3}$$

称为训练数据集. 可见, 数据的选取直接影响着函数近似的结果.

在实践中, 训练数据集的规模远大于测试集的数据规模, 这是因为, 越多的训练数据, 越可以较好地拟合输入与输出之间的函数近似关系. 为避免数据的过拟合并使近似函数具有更好的泛化能力, 训练数据集并不包含测试数据集中的输入输出数据对, 反之亦然, 即测试数据集也不包含训练集中的数据. 此外, 根据经验常常将训练集与测试集的数据其按 80% 和 20% 或其他相近的比例确定.

数据拟合的过程, 可以参见图 2.8, 由输入 x 到输出 y 的映射 g, 建立模糊函数关系 f, 如图 7.2 所示, 为便于表达, 图中示意为输入与输出的一一对应, 模糊系统 f 表达的可能是样本集合 G 中存在的若干映射关系中的一种, 肯定地, 扩展映射也可得以表达.

以常见单输入单输出系统为例, 对输入输出数据对 $(x^i, y^i), i = 1, \cdots, m$ 进行拟合, m 为样本数, 若采用最小二乘法, 直观地, 即求取表征数据集的线性函数 $f(x|\theta)$, 如图 7.3 所示. 在模式分类中, 该线性函数可将数据集根据特征进行分类. 最小二乘法在数据拟合方面的特点, 使其在模糊系统辨识与估计中获得了广泛的应用.

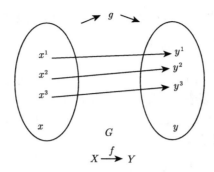

图 7.2   输入输出数据对的函数映射示意图

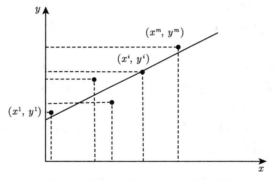

图 7.3   线性系统的最小二乘法近似

若以 2 输入 1 输出系统为例, 二维输入数据 (x_1^i, x_2^i) 对应相平面 $x_2\text{-}x_1$ 中的一个点, 如图 7.4 所示.

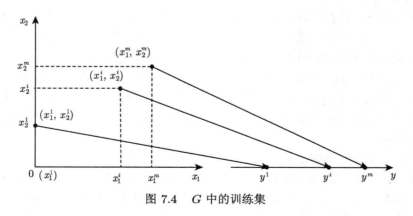

图 7.4 G 中的训练集

实线箭头表示了映射 $x^i \rightarrow y^i$ 的对应关系. 函数近似问题成为求取函数

$f(x|\theta)$, 使其尽可能接近 g, 当所考察系统的非线性更强, 例如, 多维、时间滞后或训练集规模增加时, 如何衡量 f 是否完备地近似了整个输入空间 X 呢? 本章后续内容将围绕这一目标展开.

7.1.2.2 函数逼近

在线性系统辨识中, 设 g 为实际系统, G 为样本数据集, 待辨识系统可表示为

$$y(k) = \sum_{i=1}^{q} \theta_{ai} y(k-i) + \sum_{i=0}^{p} \theta_{bi} u(k-i) \tag{7.1.4}$$

式中, $u(k), y(k)$ 为系统输入与输出, $k \geqslant 0$. 若以函数 $f(x|\theta)$ 逼近 $y(k)$

$$f(x|\theta) = \theta^{\mathrm{T}} x(k) \tag{7.1.5}$$

其中

$$x(k) = [y(k-1), \cdots, y(k-q), u(k), \cdots, u(k-p)]^{\mathrm{T}}$$

$x(k)$ 为回归向量, 以及

$$\theta = [\theta_{a1}, \cdots, \theta_{aq}, \theta_{b0}, \cdots, \theta_{bp}]^{\mathrm{T}}$$

辨识过程即为根据样本数据集 G 调节参数 θ, 最终使 $f(x|\theta) \approx g(x)$.

7.1.3 模糊模型的结构辨识

模型结构辨识, 以前提结构辨识为例, 当有一个输入 x_i 时, 可将 x_i 的范围划分为 2 个模糊子空间 small 和 large, 如图 7.5(a) 所示, 其他变量不分解, 前提结构由 2 条规则表示

$$R^1 : \text{If } x_1 \text{ is small, } \quad \text{Then} \cdots$$
$$R^2 : \text{If } x_1 \text{ is large, } \quad \text{Then} \cdots$$

或者增加模糊子空间的数量, 为三个——小、中和大, 如图 7.5(b), 前提结构由 3 条规则表示

$$R^1 : \text{If } x_1 \text{ is small, } \quad \text{Then } \cdots$$
$$R^2 : \text{If } x_1 \text{ is middle, } \quad \text{Then } \cdots$$
$$R^3 : \text{If } x_1 \text{ is large, } \quad \text{Then } \cdots$$

当有多个输入时, 例如, 增加一个输入 x_j, 可以选择在原模糊变量的子空间的左侧增加模糊子空间, 如图 7.6(a), 这时, 两输入的前提结构规则可写作

$$R^1 : \text{If } x_i \text{ is small}_1 \; x_j \text{ is small}_2, \quad \text{Then } \cdots$$
$$R^2 : \text{If } x_i \text{ is small}_1 \; x_j \text{ is large}_2, \quad \text{Then } \cdots$$
$$R^3 : \text{If } x_i \text{ is large}_1, \quad \text{Then } \cdots$$

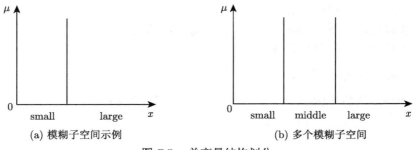

图 7.5　单变量结构划分

也可在其右侧增加模糊子空间, 如图 7.6(b) 所示. 当有更多输入量时, 可以按照这一模式添加. 对模糊系统的规则结构进行辨识, 就是要通过搜索算法求取满足性能指标的模糊子集划分.

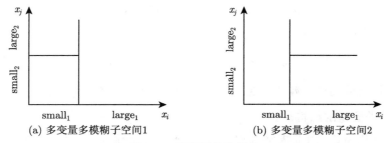

图 7.6　多变量结构划分

模糊子集的结构辨识过程, 也包含了结构参数信息的逐步确定, 对于常用的对称型三角隶属度函数, 即为确定模糊子集的端点参数 a_j, b_j 或 a_k, b_k 等, 对高斯隶属度函数, 则为确定中心值及宽度, 即 c_j, σ_j 或 c_k, σ_k 等参数的估计.

7.1.4　模糊模型的参数估计

模糊系统中待辨识参数主要包括隶属度函数参数、T-S 模型的结论参数, 这些参数直接影响着模糊规则数量、模糊规则制定、推理控制量与系统的控制性能, 在辨识过程中, 根据输入量与输出量设计合理的参数估计方法, 是模糊模型辨识的主要内容 (Takagi and Sugeno, 1985; Passino and Yurkovich, 1998). 以 Takagi-Sugeno 模糊系统的结论参数辨识为例, y^k 为第 k 条规则下的输出

$$y^k = \theta_0^k + \theta_1^k x_1 + \cdots + \theta_n^k x_n \tag{7.1.6}$$

式中, θ 为结论参数, G 为输入输出样本数据集, $(x, y) \in G$. 若以函数 $f(x|\theta)$ 逼近真实系统 $g(\cdot)$,

$$f(x|\theta) = \theta^{\mathrm{T}} x$$

θ 由最小二乘法可求.

当 $\theta_i = 0, i \neq 0$ 时, Takagi-Sugeno 函数型模糊系统即为标准型模糊系统, 因此, Takagi-Sugeno 模糊系统的辨识方法均可用于 Mamdani 模型的辨识. 例如, 以最小二乘法估计 Takagi-Sugeno 模型的结论参数 θ 的过程, 当应用于标准模型的参数估计时, 则可视作对于输出隶属度函数的中心值的最小二乘估计.

参数估计的常用方法还有梯度下降法, 例如, 对高斯隶属度函数的中心 c_j 和宽度 σ_j, 可按迭代计算. 此外, 模糊聚类方法亦可用于模糊隶属度函数中心的参数估计, 本章给出的各类辨识方法, 均可用于模糊系统前提部分与结论部分的辨识与估计.

7.2 最小二乘法辨识

最小二乘法是一类由输入输出数据构建系统模型的常见方法, 也可用于模糊系统的模型辨识与参数估计. 本节首先给出了基本的最小二乘法参数估计, 并对递推最小二乘法的具体计算做了推导, 最后介绍了模糊系统参数的训练与辨识, 最后给出了 Mamdani 标准型与 T-S 函数型模糊系统的参数估计.

7.2.1 最小二乘法

将辨识数据集 G 中的系统输出量 Y 表示为

$$Y = [y^1, \cdots, y^i, \cdots, y^m]^{\mathrm{T}}$$

式中, y^i 为第 i 个输出样本量, $i = 1, 2, \cdots, m$, Y 为 $m \times 1$ 向量, m 为样本数据集数目, 对辨识数据集的输入向量

$$X = \begin{bmatrix} (x^1)^{\mathrm{T}} \\ \vdots \\ (x^i)^{\mathrm{T}} \\ \vdots \\ (x^m)^{\mathrm{T}} \end{bmatrix}$$

式中, X 为 $m \times n$ 输入向量矩阵, x^i 为第 i 个输入样本量, 为 n 维向量

$$x^i = [x_1^i, \cdots, x_j^i, \cdots, x_n^i]^{\mathrm{T}}$$

式中, $j = 1, 2, \cdots, n$. 函数 $f(x|\theta)$ 逼近 g 时的辨识误差记作

$$e^i = y^i - (x^i)^{\mathrm{T}}\theta$$

定义

$$E = [e_1, \cdots, e_i, \cdots, e_m]^{\mathrm{T}}$$

有

$$E = Y - X\theta$$

选择误差的平方和 $J(\theta)$ 作为辨识的性能指标

$$J(\theta) = \frac{1}{2} E^{\mathrm{T}} E$$

　　辨识过程就是选择适当的参数 θ, 最终使得 $J(\theta)$ 最小. 由于 $J(\theta)$ 是关于 θ 的凸函数, 因此, 局部极小值点就是全局极小值点.

　　注意到

$$2J = E^{\mathrm{T}} E = Y^{\mathrm{T}} Y - Y^{\mathrm{T}} X\theta - \theta^{\mathrm{T}} X^{\mathrm{T}} Y + \theta^{\mathrm{T}} X^{\mathrm{T}} X\theta$$

右端同时增加和减去一项, 有

$$2J = Y^{\mathrm{T}} Y - Y^{\mathrm{T}} X\theta - \theta^{\mathrm{T}} X^{\mathrm{T}} Y + \theta^{\mathrm{T}} X^{\mathrm{T}} X\theta$$
$$+ Y^{\mathrm{T}} X(X^{\mathrm{T}} X)^{-1} X^{\mathrm{T}} Y - Y^{\mathrm{T}} X(X^{\mathrm{T}} X)^{-1} X^{\mathrm{T}} Y$$

化简可得

$$2J = Y^{\mathrm{T}} (I - X(X^{\mathrm{T}} X)^{-1} X^{\mathrm{T}}) Y + (\theta - (X^{\mathrm{T}} X)^{-1} X^{\mathrm{T}} Y)^{\mathrm{T}} X^{\mathrm{T}} X(\theta - (X^{\mathrm{T}} X)^{-1} X^{\mathrm{T}} Y)$$

式中, 第一项与 θ 无关, 若使 J 最小, 应求取使第二项为零的 θ, 即

$$\hat{\theta} = (X^{\mathrm{T}} X)^{-1} X^{\mathrm{T}} Y \tag{7.2.1}$$

式中, $\hat{\theta}$ 为辨识参数 θ 的近似值.

7.2.2　递推最小二乘法

　　在最小二乘法中, 当样本数据集 G 的规模较小, 即当 m 较小时, 参数估计的计算过程较为简洁. 随着样本量不断增加, 尤其是当输入向量与输出向量的维数迅速增加时, 式 (7.2.1) 中矩阵 $X^{\mathrm{T}} X$ 的逆的计算规模越来越大, 逐渐变得难于计算. 为了解决数据量剧增带来的计算问题, 递推最小二乘法提供了一种不必每次迭代计算均需使用所有数据的方式, 也就是说, 只采用新增数据来更新估计参数 $\hat{\theta}$, 无须在每次参数调整中反复计算 $(X^{\mathrm{T}} X)^{-1}$. 因此, 递推最小二乘法既减少了计算量和存储量, 同时改善了最小二乘法只可离线辨识的功能, 可用于在线辨识.

设 $N \times N$ 矩阵

$$P(k) = (X^{\mathrm{T}}X)^{-1} = \left(\sum_{i=1}^{k} x^i (x^i)^{\mathrm{T}} \right)^{-1} \tag{7.2.2}$$

式中, k 为样本数据集数目, $k = m$, $0 \leqslant i \leqslant m$. 因 $P^{-1}(k) = X^{\mathrm{T}}X = \sum\limits_{i=1}^{k} x^i (x^i)^{\mathrm{T}}$, 将求和式中的最后一项单独列出

$$P^{-1}(k) = \sum_{i=1}^{k-1} x^i (x^i)^{\mathrm{T}} + x^k (x^k)^{\mathrm{T}}$$

有

$$P^{-1}(k) = P^{-1}(k-1) + x^k (x^k)^{\mathrm{T}} \tag{7.2.3}$$

由式 (7.2.3) 可得

$$
\begin{aligned}
\hat{\theta}(k) &= (X^{\mathrm{T}}X)^{-1} X^{\mathrm{T}} Y \\
&= \left(\sum_{i=1}^{k} x^i (x^i)^{\mathrm{T}} \right)^{-1} \sum_{i=1}^{k} x^i y^i \\
&= P(k) \sum_{i=1}^{k} x^i y^i \\
&= P(k) \left(\sum_{i=1}^{k-1} x^i y^i + x^k y^k \right)
\end{aligned} \tag{7.2.4}
$$

可推导得

$$\hat{\theta}(k-1) = P(k-1) \left(\sum_{i=1}^{k-1} x^i y^i \right)$$

以及

$$P^{-1}(k-1)\hat{\theta}(k-1) = \sum_{i=1}^{k-1} x^i y^i$$

将式 (7.2.3) 中 $P^{-1}(k-1)$ 代入得

$$(P^{-1}(k) - x^k (x^k)^{\mathrm{T}})\hat{\theta}(k-1) = \sum_{i=1}^{k-1} x^i y^i$$

可得

$$\hat{\theta}(k) = P(k)(P^{-1}(k) - x^k(x^k)^{\mathrm{T}})\hat{\theta}(k-1) + P(k)x^k y^k$$

$$= \hat{\theta}(k-1) - P(k)x^k(x^k)^{\mathrm{T}}\hat{\theta}(k-1) + P(k)x^k y^k$$

$$= \hat{\theta}(k-1) + P(k)x^k(y^k - (x^k)^{\mathrm{T}}\hat{\theta}(k-1)) \tag{7.2.5}$$

式中, $\hat{\theta}(k)$ 可由 $k-1$ 步时的 $\hat{\theta}(k-1)$, 与 k 时刻的数据对 (x^k, y^k) 估计得到. 为了避免反复求取逆矩阵 $P(k)$, 占据大量计算与存储空间, 由矩阵反演公式, 即假设矩阵 A, C 和 $(C^{-1} + DA^{-1}B)$ 为非奇异矩阵, 则有 $A + BCD$ 可逆, 且

$$(A + BCD)^{-1} = A^{-1} - A^{-1}B(C^{-1} + DA^{-1}B)^{-1}DA^{-1}$$

对于式 (7.2.2)

$$P(k) = (X^{\mathrm{T}}(k)X(k))^{-1}$$

$$= (X^{\mathrm{T}}(k-1)X(k-1) + x^k(x^k)^{\mathrm{T}})^{-1}$$

$$= (P^{-1}(k-1) + x^k(x^k)^{\mathrm{T}})^{-1}$$

这里, 设 $A = P^{-1}(k-1), B = x^k, C = I$, 以及 $D = (x^k)^{\mathrm{T}}$, 可得

$$P(k) = P(k-1) + P(k-1)x^k(I + (x^k)^{\mathrm{T}}P(k-1)x^k)^{-1}(x^k)^{\mathrm{T}}P(k-1) \tag{7.2.6}$$

可求得

$$\hat{\theta}(k) = \hat{\theta}(k-1) + P(k)x^k(y^k - (x^k)^{\mathrm{T}}\hat{\theta}(k-1)) \tag{7.2.7}$$

由式 (7.2.6) 和 (7.2.7) 则可进行模糊系统辨识, 即为递推最小二乘参数估. 在实际应用中, 应针对所考察实际系统的本质特征, 设计相应的辨识过程, 在辨识数据集 G 的选择、数据预处理、辨识参数初值 $\theta(0)$ 和 $P(0)$ 的设定中, 充分考虑对象系统的特征, 依数据对辨识贡献计及权重的设置等若干步骤, 为了一次处理足够多数据以减少重复计算量的批处理最小二乘法, 以及包含权重的递推最小二乘估计等, 均为模糊系统辨识中较常用的有效方法.

7.2.3　Mamdani 标准型结论参数估计

首先考虑多输入单输出系统, 若有多个输出, 则只需对每一输出进行相应计算. 对于 Mamdani 标准型模糊系统, 其输出为

$$y = f(x|\theta) = \frac{\sum_{i=1}^{R} b_i \mu_i(x)}{\sum_{i=1}^{R} \mu_i(x)} \tag{7.2.8}$$

式中, $x = [x_1, x_2, \cdots, x_n]^{\mathrm{T}}$, $\mu_i(x)$ 为第 i 条规则前提所确定输出隶属度, 参数 b_i 与输出有关, 当结论隶属度函数选择对称三角函数时, b_i 为其中心. 展开式 (7.2.8), 得

$$f(x|\theta) = \frac{b_1 \mu_i(x)}{\displaystyle\sum_{i=1}^{R} \mu_i(x)} + \frac{b_2 \mu_i(x)}{\displaystyle\sum_{i=1}^{R} \mu_i(x)} + \cdots + \frac{b_R \mu_R(x)}{\displaystyle\sum_{i=1}^{R} \mu_i(x)}$$

若

$$\xi_i(x) = \frac{\mu_i(x)}{\displaystyle\sum_{i=1}^{R} \mu_i(x)} \tag{7.2.9}$$

有

$$f(x|\theta) = b_1 \xi_1(x) + b_2 \xi_2(x) + \cdots + b_R \xi_R(x)$$

定义

$$\xi(x) = [\xi_1, \xi_2, \cdots, \xi_R]^{\mathrm{T}}$$

及

$$\theta = [b_1, b_2, \cdots, b_R]^{\mathrm{T}}$$

则

$$y = f(x|\theta) = \theta^{\mathrm{T}} \xi(x) \tag{7.2.10}$$

标准型模糊系统的结论参数辨识可按照式 (7.2.10) 进行估计, 与式 (7.2.9) 相比, 式 (7.2.10) 的不同在于, 当给定 μ_i 时, 可由式 (7.1.5) 辨识数据 x_i 计算求得式 (7.2.10) 中回归向量 $\xi(x)$, 此时即与式 (7.1.5) 同.

7.2.4 Takagi-Sugeno 函数型结论参数估计

考虑 Takagi-Sugeno 函数型模糊系统

$$y = \frac{\displaystyle\sum_{i=1}^{R} y_i \mu_i(x)}{\displaystyle\sum_{i=1}^{R} \mu_i(x)}$$

式中, $\mu_i(x)$ 为第 i 条规则下输入 x 的隶属度, y_i 为第 i 条规则的输出

$$y_i = g_i(\cdot) = a_{i,0} + a_{i,1} x_1 + \cdots + a_{i,n} x_n$$

n 为样本数, R 为规则数, 展开可得

$$y = \frac{\sum\limits_{i=1}^{R} a_{i,0}\mu_i(x)}{\sum\limits_{i=1}^{R} \mu_i(x)} + \frac{\sum\limits_{i=1}^{R} a_{i,1}x_1\mu_2(x)}{\sum\limits_{i=1}^{R} \mu_i(x)} + \cdots + \frac{\sum\limits_{i=1}^{R} a_{i,n}x_n\mu_R(x)}{\sum\limits_{i=1}^{R} \mu_i(x)} \tag{7.2.11}$$

参照式 (7.2.9), 定义 ξ 及 θ,

$$\xi(x) = [\xi_1(x), \xi_2(x), \cdots, \xi_R(x), x_1\xi_1(x), x_1\xi_2(x), \cdots, x_1\xi_R(x), \cdots,$$
$$x_n\xi_1(x), x_n\xi_2(x), \cdots, x_n\xi_R(x)]^{\mathrm{T}}$$

$$\theta = [a_{1,0}, a_{2,0}, \cdots, a_{R,0}, a_{1,1}, a_{2,1}, \cdots, a_{R,1}, \cdots, a_{1,n}, a_{2,n}, \cdots, a_{R,n}]^{\mathrm{T}} \tag{7.2.12}$$

可得

$$f(x|\theta) = \theta^{\mathrm{T}}\xi(x)$$

Takagi-Sugeno 模型的参数辨识与 Mamdani 模型类似, 只需提前从输入输出数据集中选择相应的 $\xi(x)$, 构成 X 向量, 按照式 (7.2.6) 展开迭代计算即可获得辨识结果. 可以注意到, Takagi-Sugeno 模型以辨识得到的分段线性模型表征了待辨识的非线性系统, 体现了函数型模糊系统的本质特征.

7.3　梯度下降法辨识模糊系统

梯度是函数变化最剧烈的方向, 最速梯度下降可用于模糊系统辨识, 寻求使误差函数最小的函数及参数. 与最小二乘法相比, 模糊隶属度函数中的每一个参数都可以得到辨识, 例如, 对于采用高斯函数作为输入隶属度函数、三角函数为输出隶属度函数的情形, 由参数辨识过程可得输出隶属度函数的中心 b、输入隶属度函数的中心 c 与宽度 σ 等参量.

7.3.1　Mamdani 标准型梯度下降法参数估计

由于模糊系统设计在隶属度函数、推理机制、解模糊方法等步骤上, 可以采用多种方法和机制, 因此, 辨识参数将因这些不同的方法而略有差异, 这里, 选择采用高斯隶属度函数、单值模糊器、乘积推理机制和中心平均解模糊等常用且已被验证为有效的方式, 给出模糊系统的梯度下降法参数辨识.

设模糊系统输出形如

$$f(x|\theta) = \frac{\sum\limits_{i=1}^{R} b_i \prod\limits_{j=1}^{n} \exp\left(-\frac{1}{2}\left(\frac{x_j - c_j^i}{\sigma_j^i}\right)^2\right)}{\sum\limits_{i=1}^{R} \prod\limits_{j=1}^{n} \exp\left(-\frac{1}{2}\left(\frac{x_j - c_j^i}{\sigma_j^i}\right)^2\right)} \tag{7.3.1}$$

式中, i 为规则数, $i = 1, 2, \cdots, R$, j 为模糊系统的输入数目, $j = 1, 2, \cdots, n$, c_j^i, σ_j^i 为高斯输入隶属度函数在第 i 条规则下, 当第 j 个输入时的中心值和宽度值, b_i 为第 i 条规则下的输出隶属度函数中心.

若训练集 G 中有 m 组输入输出数据对, 即 $(x^m, y^m) \in G$, 令

$$e_m = \frac{1}{2}[f(x^m|\theta) - y^m]^2 \tag{7.3.2}$$

梯度下降法辨识就是在数据对 (x^m, y^m) 中寻找使二次项 e_m 最小的参数 θ, 通过沿误差 e_m 面的负梯度方向, 也就是最速梯度的方向到达最小值点, 这里, $\theta(k)$ 表示 k 时刻的参数值, 表示迭代过程中的参数变化更新过程, 对式 (7.3.1), 则为 b_i, c_j^i 及 σ_j^i.

7.3.2 Mamdani 标准型梯度下降法结论参数估计

首先, 考虑输出隶属度函数的中心 b_i, 由迭代更新公式

$$b_i(k+1) = b_i(k) - \lambda_b \left.\frac{\partial e_m}{\partial b_i}\right|_k$$

式中, $i = 1, 2, \cdots, R$, $k \geqslant 0$, $-\partial e_m/\partial b_i$ 为梯度负方向, λ_b 为梯度方向上的搜索步长, $\lambda_b > 0$. 如果步长太小, 虽可以保证每一次迭代都在减小, 但可能导致收敛太慢, 如果步长太大, 则不能保证每一次迭代都减少, 可能错过最小值点, 也不能保证收敛. 可以尝试在速查变化较大时选择较大的步长, 当误差下降较慢时, 则采用较小的步长. 由式 (7.3.2) 可得

$$\frac{\partial e_m}{\partial b_i} = (f(x^m|\theta) - y^m)\frac{\partial f(x^m|\theta)}{\partial b_i}$$

有

$$\frac{\partial e_m}{\partial b_i} = (f(x^m|\theta) - y^m)\frac{\prod\limits_{j=1}^{n} \exp\left(-\frac{1}{2}\left(\frac{x_j^m - c_j^i}{\sigma_j^i}\right)^2\right)}{\sum\limits_{i=1}^{R} \prod\limits_{j=1}^{n} \exp\left(-\frac{1}{2}\left(\frac{x_j^m - c_j^i}{\sigma_j^i}\right)^2\right)}$$

为便于推导, 设

$$\mu_i(x^m, k) = \prod_{j=1}^{n} \exp\left(-\frac{1}{2}\left(\frac{x_j^m - c_j^i(k)}{\sigma_j^i(k)}\right)\right) \tag{7.3.3}$$

及

$$\varepsilon_m(k) = f(x^m|\theta) - y^m$$

可得 b_i 更新迭代

$$b_i(k+1) = b_i(k) - \lambda_b \varepsilon_m(k) \frac{\mu_i(x^m, k)}{\sum_{i=1}^{R} \mu_i(x^m, k)} \tag{7.3.4}$$

7.3.3　Mamdani 标准型梯度下降法前提参数估计

对输入隶属度函数的中心 c_i^j, 由误差的梯度下降, 其迭代更新按照

$$c_j^i(k+1) = c_j^i(k) - \lambda_c \left.\frac{\partial e_m}{\partial c_j^i}\right|_k$$

式中, $i = 1, 2, \cdots, R, j = 1, 2, \cdots, n, k \geqslant 0$, λ_c 为更新步长, $\lambda_c > 0$. 当处于时刻 k 时, 由链式求导规则

$$\frac{\partial e_m}{\partial c_j^i} = \varepsilon_m(k) \frac{\partial f(x^m|\theta(k))}{\partial \mu_i(x^m, k)} \frac{\partial \mu_i(x^m, k)}{\partial c_j^i}$$

这里,

$$\frac{\partial f(x^m|\theta(k))}{\partial \mu_i(x^m, k)} = \frac{b_i(k)\sum_{i=1}^{R}\mu_i(x^m, k) - \sum_{i=1}^{R} b_i\mu_i(x^m, k)}{\left(\sum_{i=1}^{R}\mu_i(x^m, k)\right)^2}$$

$$= \frac{b_i(k) - \dfrac{\sum_{i=1}^{R} b_i\mu_i(x^m, k)}{\sum_{i=1}^{R}\mu_i(x^m, k)}}{\sum_{i=1}^{R}\mu_i(x^m, k)} = \frac{b_i(k) - f(x^m|\theta)}{\sum_{i=1}^{R}\mu_i(x^m, k)}$$

及

$$\frac{\partial \mu_i(x^m, k)}{\partial c_j^i} = \mu_i(x^m, k) \frac{x_j^m - c_j^i(k)}{(\sigma_j^i(k))^2}$$

可得 $k+1$ 时的隶属度函数中心

$$c_j^i(k+1) = c_j^i(k) - \lambda_c \varepsilon_m(k) \frac{b_i(k) - f(x^m|\theta(k))}{\sum\limits_{i=1}^{R} \mu_i(x^m, k)} \mu_i(x^m, k) \frac{x_j^m - c_j^i(k)}{(\sigma_j^i(k))^2} \quad (7.3.5)$$

同理, 对输入隶属度函数的宽度 σ_i^j, 更新规则如

$$\sigma_j^i(k+1) = \sigma_j^i(k) - \lambda_\sigma \left. \frac{\partial e_m}{\partial \sigma_j^i} \right|_k$$

式中, $i = 1, 2, \cdots, R, j = 1, 2, \cdots, n, k \geqslant 0$, λ_σ 为更新步长, $\lambda_\sigma > 0$. 由链式法则可得

$$\frac{\partial e_m}{\partial \sigma_j^i} = \varepsilon_m(k) \frac{\partial f(x^m|\theta(k))}{\partial \mu_i(x^m, k)} \frac{\partial \mu_i(x^m, k)}{\partial \sigma_j^i}$$

有

$$\frac{\partial \mu_i(x^m, k)}{\partial \sigma_j^i} = \mu_i(x^m, k) \frac{(x_j^m - c_j^i(k))^2}{(\sigma_j^i(k))^3}$$

因此

$$\sigma_j^i(k+1) = \sigma_j^i(k) - \lambda_\sigma \varepsilon_m(k) \frac{b_i(k) - f(x^m|\theta(k))}{\sum\limits_{i=1}^{R} \mu_i(x^m, k)} \mu_i(x^m, k) \frac{(x_j^m - c_j^i(k))^2}{(\sigma_j^i(k))^3} \quad (7.3.6)$$

需要说明的是, 在系统辨识中, 无论是最小二乘法, 还是梯度下降法, 所求取的结果 θ 并不能总是保证最优估计.

7.3.4 Takagi-Sugeno 函数型梯度下降法参数估计

考虑 Takagi-Sugeno 模糊系统

$$f(x|\theta) = \frac{\sum\limits_{i=1}^{R} y_i(x, k)\mu_i(x, k)}{\sum\limits_{i=1}^{R} \mu_i(x, k)}$$

式中, $\mu_i(x,k)$ 可同式 (7.3.3), 前提部分采用高斯型隶属度函数, c_j^i, σ_j^i 参数估计依式 (7.3.5) 和 (7.3.6) 进行, 也可定义为其他函数形式, $x = [x_1, x_2, \cdots, x_n]^{\mathrm{T}}$, 且

$$y_i(x,k) = a_{i,0}(k) + a_{i,1}(k)x_1 + a_{i,2}(k)x_2 + \cdots + a_{i,n}(k)x_n$$

其中, 输出系数 $a_{i,j}$ 因需迭代更新, 表示为含参数 k 的形式 $a_{i,j}(k)$, 其更新按如下形式:

$$a_{i,j}(k+1) = a_{i,j}(k) - \lambda_a \left.\frac{\partial e_m}{\partial a_{i,j}}\right|_k \tag{7.3.7}$$

式中, $i = 1, 2, \cdots, R, j = 0, 1, 2, \cdots, n, \lambda_a$ 为步长, $\lambda_a > 0$, 且

$$\frac{\partial e_m}{\partial a_{i,j}} = \varepsilon_m(k) \frac{\partial f(x^m|\theta(k))}{\partial y_i(x^m,k)} \frac{\partial y_i(x^m,k)}{\partial a_{i,j}(k)}$$

有

$$\frac{\partial f(x^m|\theta(k))}{\partial y_i(x^m,k)} = \frac{\mu_i(x^m,k)}{\sum\limits_{i=1}^{R} \mu_i(x^m,k)}$$

当 $j = 0$ 时,

$$\frac{\partial y_i(x^m,k)}{\partial a_{i,0}(k)} = 1$$

当 $i = 1, 2, \cdots, R, j = 1, 2, \cdots, n$ 时,

$$\frac{\partial y_i(x,k)}{\partial a_{i,j}(k)} = x_j$$

　　采用梯度下降法辨识模糊系统各类参数的算法设计中, 训练数据集 G 的选取非常关键, 可参阅 7.1.2 小节关于训练集和测试集的选择和确定, 需要注意的是, 梯度下降法迭代计算的是已选定的需辨识参数, 训练迭代过程不会改变规则条数等参数, 因此, 需事先选择输入输出数据量的规模与规则数. 此外, 初始值 $b_i(0), \sigma_j^i(0)$ 和 $c_j^i(0)$ 的选择也很重要, 临近收敛点的处置将有助于最终的迭代收敛, 需避免 $b_i(0) = 0, i = 1, 2, \cdots, R$, 否则, 当 $k \geqslant 0$ 时 b_i 将一直停留在零点. 对于高斯隶属函数的参数估计, 需避免计算过程中出现除数为零的情形, 确保 $\sigma_j^i(k) \geqslant \sigma_c > 0$, σ_c 为定值标量, 若监测到 k' 时刻 $\sigma_j^i(k') < \sigma_c$, 则使 $\sigma_j^i(k') = \sigma_c$.

这是一组输入输出数据对的训练过程, 反复调整参数使模糊系统与这一组数据对达到较好的匹配, 然后应转向训练集 G 中的下一组数据对, 也就是从上一组数据对得出的 b_i, σ_j^i 和 c_j^i 开始, 利用新的训练数据对再次计算, 通过迭代调整待辨识系统的参数使其与输入输出数据更加匹配. 每组数据对的迭代次数可以通过步长 λ_c, λ_σ 和 λ_a 设置, 由于无法知悉每组数据所需的计算步数, 因此常常在训练开始时采用较大的步长, 随着不断靠近收敛点误差变化较小, 数据对迭代计算可调整为较小的步长, 以免错过误差函数的最小值点. 由此亦可推论出, 由梯度下降法辨识模糊模型时, 可任意选择离线或在线的方式完成参数估计.

7.4 模糊聚类系统辨识及混合辨识

聚类是根据对象数据信息及特征之间的相似性划分不同子集或群组的分类方法. 由于模糊集理论定义了软边界, 从而可实现不同于 "硬分类" 的分组方式, 这是模糊聚类不同于模式分类领域其他聚类方法的特点. 模糊聚类用于系统辨识, 可为规则推理中前提输入量确定适当的模糊子集, 由于只有合理地分割输入变量的论域, 才能设计出适当的规则, 因此, 这里给出两种模糊聚类的方法: 一是由模糊 k-均值聚类法对输入变量做聚类; 二是采用最近邻聚类对输入变量进行聚类, 以分割出合理的前提变量模糊子集. 关于结论参数等环节的辨识, 则可采用本章前面几节介绍的相关方法进行组合, 譬如模糊聚类辨识可和最小二乘法相结合辨识 T-S 模型的结论参数. 此外, 模糊系统辨识方法, 还可与自动控制系统的其他辨识方法综合应用, 对受控对象进行混合辨识.

7.4.1 模糊聚类系统辨识

与 k-均值聚类的硬聚类相比, 模糊 k-均值聚类是更加灵活的聚类方法, 它能够以模糊隶属度来确定数据属于某个簇类的程度. 由于在大部分情况下, 对象数据集中的连续变量无法硬性地划分成为明显分离的簇, 刚性地指定某个对象信息到一个特定的簇常欠合理, 也可能会出错. 因此, 通过 k-均值聚类, 可在迭代过程中为每个输入量赋予一个隶属度, 指明其属于某个簇的程度, 最终使模糊子空间的分割更趋于合理.

在 k-均值聚类辨识中, 求解聚类参数就是寻找前提结构中的隶属度函数参数的过程, 也就是说, 需求得聚类中心以作为模糊隶属度函数的中心, 对于三角形隶属度函数或高斯隶属度函数, 则为其中心点 c_k, k 为聚类中心数, 这里, 统一表示为 v_k.

模糊 k-均值聚类是一种内部式度量计算, 本质是寻找使目标函数 J 最小的隶属度 μ_{ij} 与聚类中心 v_j,

$$J = \sum_{i=1}^{N} \sum_{j=1}^{k} (\mu_{ij})^m |x_i - v_j|^2$$

详细算法可参考 5.4 节.

在具体辨识过程中, 可将输入数据集分为 k 个模糊子集, 在单输入情况下, 将有 k 条规则. 当采用 T-S 模型时, 推理按

$$\text{If } H_j, \text{ Then } y_j(x) = a_{j,0} + a_{j,1}x_1 + \cdots + a_{j,n}x_n \tag{7.4.1}$$

式中, n 为输入个数, H_j 为输入模糊集

$$H_j = \{(x, \mu_{H_j}(x)) : x \in X_1 \times \cdots \times X_n\} \tag{7.4.2}$$

$X_s(s = 1, 2, \cdots, n)$ 表示第 s 个输入的论域空间, $\mu_{H_j}(x)$ 是与第 j 条规则对应的输入模糊集 H_j 的隶属度函数. 这里, $y_j(x) = a_j^{\mathrm{T}}x$, $a_j = [a_{j,0}, a_{j,1}, \cdots, a_{j,n}]^{\mathrm{T}}$, $x = [1, x^{\mathrm{T}}]^{\mathrm{T}}$. 当采用加权平均法时, 可得模糊系统的输出

$$f(x|\theta) = \frac{\sum_{j=1}^{R} y_j(x)\mu_{H^j}(x)}{\sum_{j=1}^{R} \mu_{H^j}(x)}$$

其结论参数可由最小二乘法求得.

由上, 所考察对象系统获得最终辨识.

7.4.2　模糊混合辨识

最小二乘法、梯度下降法、模糊 k-均值聚类均为模糊系统辨识的常用方法, 对于模糊系统前提结构、前提参数和结论参数的辨识, 还有其他许多方法可用于相关的前提或结论部分的辨识, 例如, k 近邻聚类可用于 T-S 模型的结论参数辨识. 这些方法既可以单独用于模糊系统前提部分或结论部分的辨识, 也可组合应用于整体辨识, 此外, 其他系统辨识方法也可用于模糊系统的辨识, 例如, 与神经网络模型组合应用, 设计模糊-神经网络系统辨识, 等等.

在 MATLAB 平台上, 模糊控制工具箱提供了多种模糊逻辑设计方法, 其中, 神经模糊设计器 (Neuro-Fuzzy Designer) 是一种合并了模糊推理与神经元逼近计算的方法, 并形成自适应神经模糊推理系统 (Adaptive Nuero-Fuzzy Inference System, ANFIS), 其函数形如

$$\text{fis} = \text{anfis}(\text{TrainingData},\text{Options})$$

其中, 主要参数为输入输出数据构成的训练集 (TrainingData), 隶属度函数类型、训练误差及测试误差等参数可由函数选项 Options 设置获取. 通过预设终止条件如误差阈值或迭代次数满足一定要求等, 经反复迭代运算, 可完成系统辨识, 并得到 T-S 模型参数.

例 1 考虑含噪声函数 $y = \sin 2x/e^{x/10}$, $x \in [0,20]$, 采用 anfis 函数对含噪声数据进行辨识. 为增强辨识与泛化能力, 这里, 假设噪声是均值为 0、方差为 0.001 的高斯噪声. 考察不同参数对辨识结果的影响, 例如, 模糊空间分割数对收敛过程和辨识误差的影响, 图 7.7(a)、图 7.7(b) 分别为当输入的隶属度函数划分为 7, 12 时的辨识输出和辨识误差. 可以看出, 随着输入隶属度函数个数的增加, 区间 $[0,20]$ 被均匀地划分为更多不同的细分区间, 能够提高系统的辨识精度. 但是, 当进行更多隶属度函数划分时, 辨识性能不再有显著提高, 相反, 迭代耗时显著增加, 计算收敛时间从模糊子集为 7 时的 0.91s, 增加到了模糊子集数为 12 时的 3.57s.

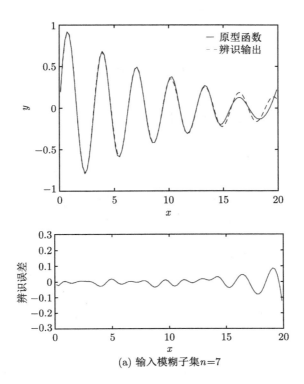

(a) 输入模糊子集 $n = 7$

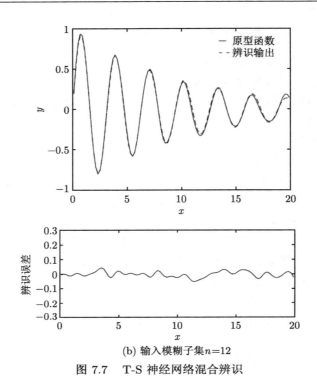

(b) 输入模糊子集$n=12$

图 7.7　T-S 神经网络混合辨识

7.5　模糊自适应控制系统

　　模糊控制器设计基于人类知识和经验信息的模糊控制器, 在生产和生活中获得了广泛的应用, 模糊辨识与参数估计通过输入输出信息又为模糊控制器的设计和应用开拓了许多新的应用. 然而, 在实际控制应用中, 模糊控制仍然遭遇到一些问题, 其一, 模糊控制器设计是为对象系统的特定方式而确立的, 难以选择必须的控制器参数, 譬如, 为满足某一性能指标选择何种隶属度函数以及规则形式, 常常较为困难; 其二, 为常规情况而设计的控制规则, 在应对其他重要的或未曾预测的参数变化情况时, 无法保证控制性能能够满足要求. 因此, 当对象系统发生变化, 初始的模糊控制律已不能保持足够的性能水平时, 需要能够适应动态变化条件下不断调整控制器设计的控制方法, 本节将要讨论的是模糊自适应控制系统.

7.5.1　学习机制

　　智能的本质在于 "能思考" 和 "善思维", 人工智能就是试图通过各种机器 (主要借助计算机及软硬件等) 达到这种人类智能的高级智能. 模糊系统在一定程度上以特定的方式实现了推理思考的 "智能" 功能. 但是, 局限性依然存在, 虽然对于单一智能系统来讲, 类似的局限性在大多数围绕某种 "智能" 的技术方法中普遍存在, 依赖于知识经验的规则推理仍具有较大的局限性. 当对象系统的负载或外扰发生改变时, 原规则库已无法做出相应的调适, 也就是说, 常常缺乏 "习得" 经验.

这一局限性在模糊系统可辨识时已被打破, 尤其是 T-S 函数型模糊模型为此做出了重要的贡献. 通过在线辨识, 模糊系统可 "观察" 即时输入输出数据对所表达的对象状态, 通过模型辨识与参数估计, 适时地 "调整" 并更新规则库, 设计控制律, 使推理结论和控制策略能够更好地 "适应" 变化的动态系统——即具有了 "学习" 能力. 这一观察辨识、调整记忆和适应控制也解释了机器学习的一般过程, 因而, 学习机制应当包括以下三个作用:

(1) 辨识对象的动态特性;

(2) 在辨识基础上做出决策;

(3) 记忆这些特性与决策.

图 1.3 所示的倒立摆经验控制中, 儿童经简单的反复尝试就可以很好地使倒立摆杆处于垂直平衡位置. 每一次失稳和平衡都构成了一次学习过程, 反复的尝试使之习得了移动与摆角之间的关系, 通过眼脑手脚之间复杂且精确的运作, 并通过记忆成功地将这些经验和知识转变为自身的智力与能力. 其他类型的人工智能, 其学习机制可以此为原型推及、理解并设计.

7.5.2 自适应控制

已经知道, 自动控制系统的本质是**反馈**, 其过程是将系统的状态和输出实时地传输反馈至控制器, 由控制器根据策略生成适当的控制量, 对系统进行控制并闭环执行, 进而保证在整个系统始终满足性能指标的要求. 由于参数、负载、外扰和环境的变化, 对象系统处于动态变化中, 一方面, 这是非线性特性的来源, 另一方面, 动态变化的对象系统需要与采用相应的动态控制策略. 自二十世纪五十年代末自适应控制被提出以来, 控制器和辨识器等理论与方法获得了极大发展, 自适应控制的方法和性能均获得了很大提升, 例如, 非结构化环境下的自主机器人系统、自动巡航、无人驾驶以及无人机控制系统等, 均采用了各类自适应控制方法.

一般地, 根据控制策略调整依据的不同, 可以将自适应控制分为直接自适应控制和间接自适应控制两大类. 直接自适应控制是将控制误差直接反馈到控制器, 由控制律求取控制量, 如图 7.8 的直接自适应控制框图. 在图中, 自适应机制观察对象系统, 并调整控制器参数以保证系统变化时保持性能指标. 在该框图中, 系统的参考输入 (即理想的系统输出) 若由参考模型确定, 则可称之为模型参考自适应控制.

传统的模型参考自适应控制, 常用于带有未知参数的线性系统, 模型参考控制器框图如图 7.9 所示.

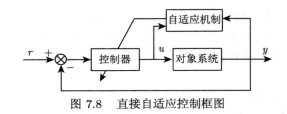

图 7.8   直接自适应控制框图

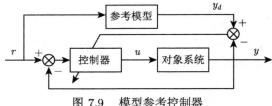

图 7.9   模型参考控制器

间接自适应控制则是在控制误差和控制器之间增加了在线辨识环节, 将辨识得到的估计参数等作为控制器设计与策略调整的依据, 因而称之为间接自适应控制, 如图 7.10 所示. 当对象系统发生动态变化时, 辨识器将进行动态辨识, 设计器据此相应地调整控制器, 这是与直接自适应控制的不同之处, 直接方式中无系统辨识环节. 这里, 假设辨识系统为真实对象系统的等效系统.

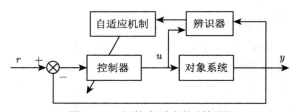

图 7.10   间接自适应控制框图

随着系统辨识的方法越来越丰富, 自适应控制技术发展迅速, 与现代控制理论或智能控制理论相结合, 能够设计出种类繁多的自适应控制系统, 包括各种各类直接自适应控制或间接自适应控制系统.

7.5.3   模糊直接自适应控制

适应首先是生物的一个基本特征, 因为生物总是试图在变化的环境条件下维持生命的平衡. 因此, 自适应系统就是参考生物的适应能力而建立的一类具有类似行动能力的控制系统.

在现代文献中, 有许多自适应控制系统的不同定义和分类. 这些定义及分类方法常常较为含混, 是由于为达到适应性而采用了大量不同的结构, 且其中多数结构无法分辨适应能力的外部表现与达到适应能力的内在结构之间的差别所致. 不同的定义来源于不同的设计与说明, 常可将自适应控制系统分成直接式和间接式, 如 7.5.2 小节所述. 由于大多数系统要求的适应性程度并不相同, 因此在自适应机制或辨识器环节采用参考输入、反馈误差的不同方式, 即可设计出满足性能要求的直接或间接自适应控制器.

在与环境交互时, 学习机制能够通过观察进行以保证控制性能, 图 7.11 给出了一种参考模型模糊直接自适应控制框图. 它由四部分组成: 对象系统、模糊控制器、参考模型和学习机制, 其中, 学习机制观察对象系统输入、噪声和响应等的变化, 调节模糊控制器的参数, 以满足性能指标的要求, 参考模型用于生成理想输出 y_m. 控制框图上部的学习机制是使 y 能够跟踪 y_m, 最终使调适到满足 r 的要求. 控制框图底部的控制环路是求取 u, 使 y 能够最终满足 r 的要求. 另外, 可以看出, 在学习机制中形成的对控制器的参数调整, 起到了模糊逆模型的作用.

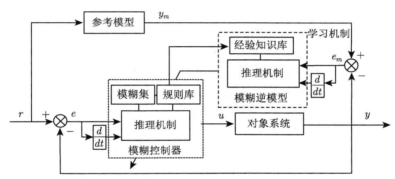

图 7.11   参考模型模糊直接自适应控制系统框图

由于对适应性的要求不同, 且因对象规模、参数多少及结构形式等因素的影响, 在设计模糊自适应控制时, 对于具体的结构形式需要根据实际情况做出相应选择. 譬如, 当一名儿童已可以熟练地使倒立摆处于直立的平衡位置时, 若稍做变化, 使其通过移动使乒乓球保持在拍面上, 如图 7.12, 那么, 这个末端目标动态运

图 7.12   乒乓球拍面保持控制示意图

动的问题将使得平衡问题变得困难起来. 此时, 自适应机制将使该问题得以解决, 读者可对此作进一步思考.

7.5.4　模糊间接自适应控制

模糊间接自适应控制采用在线辨识方法估计对象系统的模型参数进行自适应控制. 辨识所得对象系统的模型, 为自适应机制用以指定模糊控制器的参数, 如图 7.10 所示. 模糊间接自适应控制假设系统辨识在每一时刻均能够通过参数估计恰当地表达对象系统, 因而通过自适应机制可为控制器指定合适的参数. 在这种情况下, 对实际对象系统进行辨识所得的参数模型, 可视作实际系统的等效模型, 因此, 这种控制策略也称为 "**确定性等效控制**".

本章前几节介绍了几类模型辨识和参数估计方法, 有的适于在线辨识, 有的不适于在线辨识, 例如, 最小二乘法的批处理进程方法, 其旨在添加规则的学习机制, 无法实时跟踪对象的动态变化来提供适当的参数调整方式, 因此不适用于在线辨识.

但是, 无法达到在线辨识的功能, 并不意味着该辨识方法不可用于模糊间接自适应控制. 由于待辨识对象系统的输入输出数据量常常较大, 在系统辨识与控制设计中, 常常需先进行**离线辨识**, 获得对象系统的一般模型, 在此过程中, 这种批处理进程, 或如用于估计结论参数的模糊聚类等方法, 将具有重要的作用.

若将离线辨识获得的参数模型置于间接自适应控制环路中, 将可用于在线辨识, 这样做的益处在于, 首先, 尽管智能控制方式无须建立对象系统的精确数学模型, 但是, 从输入输出数据和系统行为等信息, 通过模型辨识和参数估计, 可以获得对象系统的一般特性, 亦即 "等效" 系统; 其次, 在离线辨识模型的基础上, 在**实时控制**中对辨识器中的模型参数, 进行重新估计并做适当调整, 这一过程的计算量和消耗将比较小, 因而在实时性能上满足了控制要求.

而且, 对于模糊间接自适应控制系统的设计, 选择何种自适应控制方式、辨识方式和估计方法, 并无优先选项, 例如, 采用递归最小二乘法辨识输出隶属度函数的中心, 是一种线性方法, 而以梯度下降法辨识输入隶属度函数的宽度等, 则是一种非线性方式, 可参照智能系统应用中常用的 "试凑" 法, 针对具体对象系统和控制要求, 依循专业或经验知识进行具体设计.

此外, 在设计间接自适应控制系统时, 常常会遇到通过辨识方法的升级, 逐步提升辨识器性能及自适应机制性能的情形. 为了区别于常规系统辨识, 经常将设计更精良的辨识器及自适应机构称为间接自适应控制, 而将由常规系统辨识构成的自适应机构称作直接自适应. 在这种情况下, 直接自适应控制和间接自适应控制之间的区分, 则只针对具体的对象系统、设计过程及其结果比较而言. 这也解释了许多资料中关于自适应控制直接方式和间接方式的区分原则不一的主要原因.

7.6 本 章 小 结

本章系统地介绍了模型辨识与参数估计的模糊逻辑理论与方法. 针对前提结构与参数、结论参数等关键辨识环节, 按照 Mamdani 标准型模型及 T-S 函数型模型这两种主要模糊模型, 详细讨论了最小二乘法、梯度下降法以及模糊聚类法的辨识设计与参数求解方法, 以及为达到整体辨识的混合应用等.

本章关于系统辨识等算法未给出关于稳定性及其收敛特性的证明和验证, 这是由于模糊系统是一种基于经验知识型的智能方式. 对于模糊系统辨识, 既不适合采用经典的判别方式, 也无适宜的智能评估手段, 相关内容将在第 9 章模糊系统研究进展中作简要阐述.

思 考 题

7.1 请在理解最小二乘法的基础上, 谈谈递推最小二乘法的特点.

7.2 回顾本章内容, 请回答, 什么是系统辨识, 为什么要进行系统辨识, 模糊理论是如何应用于系统辨识的?

7.3 通过阅读本章, 你了解了哪些辨识方法, 它们的基本原理是什么?

7.4 自适应控制的基本原理是什么, 模糊理论是如何被引入其中的?

参 考 文 献

Kosko B. 1994. Fuzzy systems as universal approximators. IEEE Trans. Computers, 43(11): 1329-1333.

Passino K M, Yurkovich S. 1998. Fuzzy Control. Reading, MA: Addison-Wesley.

Takagi T, Sugeno M. 1985. Fuzzy identification of systems and its applications to modeling and control. IEEE Trans. Syst. Man, Cybern., 15(1): 116-132.

第 8 章　模糊系统的设计与应用

模糊系统在工程、科学、商业、医药、心理等许多领域具有广泛的应用, 在工程技术领域包括了模式识别、辅助诊断、机器人控制、飞行器控制、故障检测、自动驾驶、车辆发动机/悬架控制、电力控制/分配调度、过程控制等. 本章从模糊系统在智能信息处理与智能信息控制这两个方面的应用出发, 讨论其作为人工智能科学主要理论和方法的设计与分析.

8.1　模糊理论应用于智能信息处理

图像高斯模糊处理将图像处理与高斯函数、模糊化联系起来. 尽管图像模糊 (Image Blur) 是图像中某一像素点值被其周围像素点的平均值替代的一种降噪和平滑处理, 其 blur 的含义与 fuzzy 的含义并不相同, 但由于图像模糊化也可以采用高斯分布的方式计算周围像素点的平均值, 因此, 这种以与中心像素点的距离远近赋予权重的方式, 最终将图像模糊化与高斯函数联系起来.

距离的远近也表示了隶属于中心像素点的半径范围的程度, 因而具有高斯隶属度函数的意义. 在指定 σ 的情况下, 采用高斯函数

$$\mu(x) = \exp\left(-\frac{1}{2}\left(\frac{x-c}{\sigma}\right)^2\right)$$

对图像进行模糊化处理, 如图 8.1 所示, 可以看出, 在模糊化后的图像中边缘及细节层次显著降低.

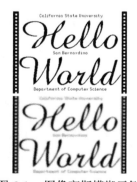

图 8.1　图像高斯模糊示例

本节将介绍图像处理的模糊方法和辅助诊断的模糊决策支持等典型应用, 给出模糊系统在智能信息处理方面的设计与分析.

8.1.1 日面活动区的模糊聚类法分割

太阳活动过程对日地间卫星、航空、通信等系统的安全性影响巨大, 利用观测台站和遥感监测的多波段射线强度或地磁指数等实时数据, 可实现空间天气和灾害事件的预测预警. 由于日面图像的数据信息更丰富, 活动区图像监测将连续的太阳活动及周期变化与其影响联系了起来, 因而可提供更直观、便捷的预测预报信息.

冕洞是典型的太阳活动区, 对地磁指数影响巨大, 图 8.2 为原始图像, 可以看到日面中心有一明显的冕洞. 冕洞不具有明显边缘, 有时会被大气遮挡, 可采用模糊 k-均值聚类的方法对日面图像的冕洞活动区进行识别和分割.

图 8.2   2014 年 1 月 1 日 193 波段极紫外成像日面图 (NASA SDO)

图 8.3 为聚类个数依次设定成 3, 4 和 5 时的计算结果, 日面上最黑的区域为分割的冕洞. 可以看出: 聚类数小于 4 时, 无法准确提取冕洞区域; 聚类数为 4 和 5 时, 分割结果无明显区别 (叶茜, 2019).

(a) $k=3$ (b) $k=4$ (c) $k=5$

图 8.3   不同 k 值时的聚类结果

　　图 8.4(a) 为相应分割出的冕洞区域 (2014 年 1 月 1 日), 图 8.4(b) 为同一天美国空间天气预测中心 SWPC(Space Weather Prediction Center, SWPC) 发布的手绘日面概要图. 可以看出, 模糊 k-均值聚类准确地识别了冕洞区域及细节信息.

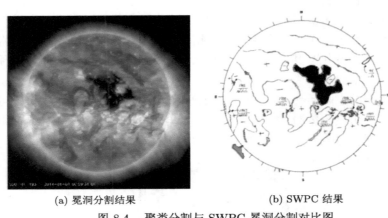

(a) 冕洞分割结果　　　　　　　　　　　　　(b) SWPC 结果

图 8.4　聚类分割与 SWPC 冕洞分割对比图

8.1.2　人眼状态的模糊逻辑边缘检测

　　通过边缘检测可对眼部状态进行分类, 进而判断视线或注意力等行为状态. 通常情况下, 正常人眼部开闭状态为每分钟眨眼 10 至 15 次, 每次持续 100 至 150 毫秒, 在疲劳状态下, 眼睛闭合时间会增加, 眨眼的频率也随之下降. 根据眼睛睁开和闭合的次数及持续时间, 可以计算得到眨眼频率, 从而对疲劳状态进行检测. 目前, 监测驾驶员疲劳状态和注意力的图像检测方式多种多样, 边缘检测、关键点纹理、上下眼睑距离或几何形状等多种技术手段, 可达到监测驾驶员眨眼频率和闭眼时长以判断其是否处于疲劳状态的目的.

　　眼部状态可以分为闭合、微睁和睁开三种状态, 当眼睛睁开时, 会包含有虹膜的大部分甚至全部信息, 当眼眉低垂时, 只有少部分虹膜可以观察到, 而当眼睛完全闭合时, 眼球的全部信息都会被遮挡, 图 8.5 为眼部图像的平均灰度图, 其中, 图 8.5(a)~(c) 分别为左眼和右眼的闭合状态、半闭合状态和睁开状态.

　　基于模糊逻辑的眼部边缘检测的步骤, 可参照 5.1.3 小节内容, 首先进行模糊化, 选择隶属度函数, 然后求取灰度图像在水平与垂直方向上的二次梯度, 根据模糊逻辑推理求取满足边缘资格的集合等过程.

　　输入人眼平均灰度图像, 可得到如图 8.6 的图像边缘信息, 依次分别为左眼/右眼的闭合状态 (图 8.6(a))、半闭合状态 (图 8.6(b)) 和睁开状态 (图 8.6(c)) (成艺, 2017). 可以看到, 当眼睛闭合时, 由于虹膜被完全遮挡, 眼部没有明显的灰度变化, 在图像边缘检测中表现为梯度变化幅度较小, 无明显边缘信息. 当眼睛处于微睁状态和完全睁开状态时, 由于深色虹膜的存在, 图像中有明显的梯度变化, 可以通过图像边缘检测得到, 但是二者在边缘形状和位置上存在一定差异, 从而可区分微睁与完全睁开状态.

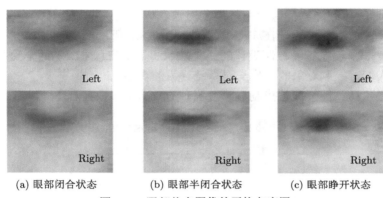

(a) 眼部闭合状态　　　(b) 眼部半闭合状态　　　(c) 眼部睁开状态

图 8.5　眼部状态图像的平均灰度图

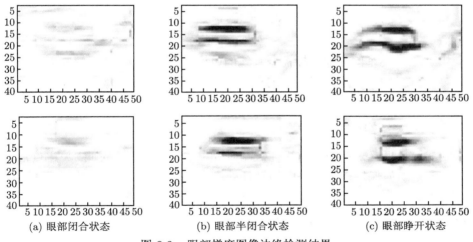

(a) 眼部闭合状态　　　(b) 眼部半闭合状态　　　(c) 眼部睁开状态

图 8.6　眼部梯度图像边缘检测结果

当有一个新的眼部图像需分类识别其状态时, 可将其转换为图像边缘梯度信息矩阵, 然后分别计算与平均人眼模型中双眼睁开、半闭合和闭合状态等边缘矩阵的距离, 从而对相似度进行度量以判断眼部状态. 可以看出, 这种基于模糊逻辑的边缘模板信息的检测方法, 与直接使用原始图像进行分类器训练相比较, 可有效降低输入变量的维数, 并合理消除一些干扰信息, 既便于分类器的学习设计, 又可快速识别视频中的人眼状态.

8.2　模糊理论应用于智能系统控制

模糊智能控制能够任意运用从控制对象获取到的数据来描述对象系统, 从而设计控制器使对象系统达到最理想的性能, 如图 8.7 所示, 其智能控制也是直接自适应控制方式. 模糊智能控制设计的经验知识和数据信息来源于两个途径:

(1) 人们对控制对象的操作与对系统行为的观察;

(2) 在各种条件下调整控制对象系统时的数据与参数集合.

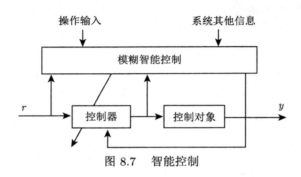

图 8.7　智能控制

从第 4 章小车倒立摆模糊控制系统的讨论中, 读者已充分了解应用操作经验刻画对象系统并设计控制规则的过程, 本节将在此基础上, 介绍二级倒立摆模糊控制系统的分析与设计, 该模型在多关节机器人系统中应用广泛.

8.2.1　二级摆结构模糊控制

倒立摆是机器人系统及非线性控制研究中的经典问题. 对此, 关注点常常集中在: 一是如何保持运动状态中的摆杆处于垂直位置, 二是如何使摆杆失稳后重新起摆.

8.2.1.1　小车倒立二级摆系统建模

考虑图 8.8 所示二级倒立摆系统.

设计模糊控制器旨在达到两个目标:

(1) 受到扰动后控制摆杆能重新回到垂直位置;

(2) 系统失稳后摆杆重新能够摆起并保持稳定.

为简化起见, 对系统做出如下假设: 将小车视为质点, 假设各级摆杆均为刚体且质量均匀分布, 忽略连接件的质量以及各种摩擦力等, 在此基础上, 应用

Lagrange 方程建立二级摆数学模型

$$\frac{d}{dt}\left(\frac{\partial T}{\partial \dot{q}_i}\right) - \frac{\partial T}{\partial q_i} + \frac{\partial V}{\partial q_i} = F_i, \quad i = 1, 2, \cdots, N \tag{8.2.1}$$

式中, q_i 为系统的广义坐标, T 为系统的动能, V 为系统的势能, F_i 为系统沿该广义坐标方向上的外力. 对于二级摆系统, 广义坐标分别为 x, θ_1, θ_2.

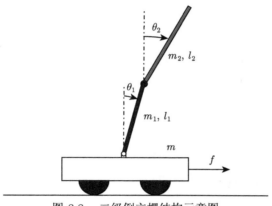

图 8.8　二级倒立摆结构示意图

系统输入为二级倒立摆系统反馈的相关状态量构成, 包括 $x, \dot{x}, \theta_1, \dot{\theta}_1, \theta_2, \dot{\theta}_2$, 分别为小车的位移、速度, 摆杆 1 的摆角、角速度, 摆杆 2 的摆角、角速度, 控制量只有施加在小车上的力 f, 即模糊控制器的输出为控制力.

系统的总动能和总势能分别为

$$T = \frac{1}{2}(m + m_1 + m_2)\dot{x}^2 + (m_1 + 2m_2)\dot{x}l_1\dot{\theta}_1\cos\theta_1 + m_2\dot{x}l_2\dot{\theta}_2\cos\theta_2$$

$$+ \left(\frac{2}{3}m_1 + 2m_2\right)l_1^2\dot{\theta}_1^2 + \frac{2}{3}m_2l_2^2\dot{\theta}_2^2 + 2m_2l_1l_2\dot{\theta}_1\dot{\theta}_2\cos(\theta_2 - \theta_1)$$

$$V = m_1gl_1\cos\theta_1 + m_2g(2l_1\cos\theta_1 + l_2\cos\theta_2) \tag{8.2.2}$$

式中, m, m_1, m_2 分别为小车、摆杆 1 和摆杆 2 的质量, l_1, l_2 为摆杆 1、摆杆 2 的转动中心到各自质心的距离, 代入 Lagrange 方程, 有

$$(m_1 + 2m_2)\ddot{x}l_1\cos\theta_1 + \left(\frac{4}{3}m_1 + 4m_2\right)l_1^2\ddot{\theta}_1 + 2m_2l_1l_2\ddot{\theta}_2\cos(\theta_2 - \theta_1)$$

$$-2m_2l_1l_2\dot{\theta}_2^2\sin(\theta_2 - \theta_1) - (m_1 + 2m_2)gl_1\sin\theta_1 = 0$$

$$m_2 \ddot{x} l_2 \cos \theta_2 + \frac{4}{3} m_2 l_2^2 \ddot{\theta}_2 + 2 m_2 l_1 l_2 \ddot{\theta}_1 \cos (\theta_2 - \theta_1)$$

$$+ 2 m_2 l_1 l_2 \dot{\theta}_1^2 \sin (\theta_2 - \theta_1) - m_2 g l_2 \sin \theta_2 = 0$$

$$(m + m_1 + m_2) \ddot{x} + (m_1 + 2 m_2) l_1 \ddot{\theta}_1 \cos \theta_1 + m_2 l_2 \ddot{\theta}_2 \cos \theta_2$$

$$- (m_1 + 2 m_2) l_1 \dot{\theta}_1^2 \sin \theta_1 - m_2 l_2 \dot{\theta}_2^2 \sin \theta_2 = f$$

可表示为

$$M(\theta_1, \theta_2) \begin{bmatrix} \ddot{x} \\ \ddot{\theta}_1 \\ \ddot{\theta}_2 \end{bmatrix} + C(\theta_1, \dot{\theta}_1, \theta_2, \dot{\theta}_2) \begin{bmatrix} \dot{x} \\ \dot{\theta}_1 \\ \dot{\theta}_2 \end{bmatrix} = F(f, \theta_1, \theta_2) \tag{8.2.3}$$

其中

$$M = \begin{bmatrix} (m_1 + 2 m_2) \cos \theta_1 & \left(\dfrac{4}{3} m_1 + 4 m_2 \right) l_1 & 2 m_2 l_2 \cos(\theta_2 - \theta_1) \\ \cos \theta_2 & 2 l_1 \cos(\theta_2 - \theta_1) & \dfrac{4}{3} l_2 \\ m + m_1 + m_2 & (m_1 + 2 m_2) l_1 \cos \theta_1 & m_2 l_2 \cos \theta_2 \end{bmatrix}$$

$$C = \begin{bmatrix} 0 & 0 & 2 m_2 l_2 \dot{\theta}_2 \sin(\theta_2 - \theta_1) \\ 0 & -2 l_1 \dot{\theta}_1 \sin(\theta_2 - \theta_1) & 0 \\ 0 & (m_1 + 2 m_2 + 2 m_0) l_1 \dot{\theta}_1 & m_2 l_2 \dot{\theta}_2 \sin \theta_2 \end{bmatrix}$$

$$F = \begin{bmatrix} (m_1 + 2 m_2) g \sin \theta_1 \\ g \sin \theta_2 \\ f \end{bmatrix}$$

以模糊逻辑为基础的规则策略是控制小车二级倒立摆的高效、易用的方法, 但是, 在实施过程中, 仍需要降维处理. 对于采用 6 个状态变量的方程式 (8.2.3), 若每一变量的模糊子集分割为 c, 则共有 c^6 条规则, 将会带来设计与实施上的冗余和耗时, 导致控制难以进行或系统失败.

8.2.1.2　小车二级倒立摆模糊控制

多级摆之间的运动是耦合的, 既不易求解式 (8.2.3), 也不易按照第 4 章中小车一级倒立摆的模糊控制规则表进行控制. 但是, 根据经验知识, 在多级倒立摆的控制中, 最上部摆杆 (即末端摆杆) 的控制是关键且优先的, 只有最末端摆杆受控后, 才可考虑次级甚至其他各级摆杆的控制.

为此, 依据小车、第 1 摆和第 2 摆的动力学重要程度 (Dynamic Important Degree, DID), 分别赋予一定的程度因子, 以达到优先处理第 2 摆杆以及依次控制的目的, 同时, 考虑到多个部件之间运动的复杂关联, 可结合单一输入规则方法 SIRM(Single Input Rule Module, SIRM) 求取控制量.

单一规则输入模式 SIRM 是一种将多输入模糊系统简化为单一输入规则的推理模式, 在倒立二级摆系统中, 对于包括小车位移 x、速度 $\dot{x}$、第 1 摆角度 θ_1、角速度 $\dot{\theta}_1$ 和第 2 摆角度 θ_2、角速度 $\dot{\theta}_2$ 的多输入模糊系统, 控制规则可表示为

If x_i is NB, Then u_i is 1.0

If x_i is ZO, Then u_i is 0.0

If x_i is PB, Then u_i is -1.0

其中, $x = [x, \dot{x}, \theta_1, \dot{\theta}_1, \theta_2, \dot{\theta}_2]$, x_i 为其中某一输入状态量, $i = 1, 2, \cdots, 6$.

当第 1 摆杆处于垂直位置, 第 2 摆杆向右角位移时, 为了使第 2 摆杆回到直立位置, 这时需及时施加小车向左的力, 此时摆杆 1 将顺时针运动, 而摆杆 2 则将做逆时针转动, 向垂直方向运动.

若第 1, 2 摆杆均向右偏离垂直位置, 且当第二摆杆角度较大时, μ_{DID} 取较大值, 这时第 2 摆杆具有最高优先级控制, 及时控制小车向左运动, 将首先使第 2 摆杆向趋于垂直位置运动, 然后使摆杆 1 回复到垂直状态, 最终达到控制目的.

采用 μ_{DID} 表示动态因子的模糊程度, 第 2 摆具有最高的优先级, 第 1 摆的优先级次之, 小车再次之, 图 8.9 给出了第 2 摆杆角度 θ_2 的模糊子集分割及隶属度, 这里, 摆杆 2 的角度偏差以绝对值表示.

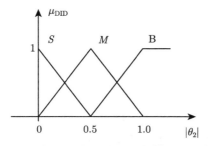

图 8.9 第 2 摆杆动态因子的模糊隶属度

当有一个状态输入量时, 按照论域设定、模糊分割、隶属度函数确定等基本步骤执行后, 在模糊推理部分, 同时进行两步规则推理, 一为动态因子, 二为单一模糊规则输出, 如图 8.10, 图中给出了第 2 摆输入 θ_2 包含动态因子的单一输入模糊规则控制框图. 将动态优先因子与单一输入模糊规则结论因子相乘后, 可获得该输入条件下的控制量 u_{θ_2}. 此时, 其他状态输入量 x, $\dot{x}$, θ_1, $\dot{\theta}_1$, $\dot{\theta}_2$ 的控制输出, 则

可按照各自的模糊优先因子和 SIRM 推理, 类似地推导获得 u_x, $u_{\dot{x}}$, u_{θ_1}, $u_{\dot{\theta}_1}$, $u_{\dot{\theta}_2}$. 所有状态输入下的控制输出求和, 可得最终控制输入 u, 如图 8.10 所示.

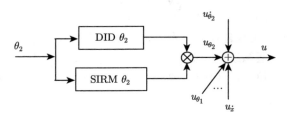

图 8.10　包含动态因子的模糊控制框图

控制结果如图 8.11 所示, 图中, s, θ_1, θ_2 分别为小车、第 1, 2 摆杆的位移和角位移, 可以看出, 当 θ_1, θ_2 初始角位置分别为 15°、20° 时, 通过控制小车的运动, 两个摆杆得以控制, 逐步达到理想的垂直位置, 可以看出, 在此过程中第 1 摆的角度 θ_1 大于第 2 摆的角度 θ_2, 验证了设定重要度因子时的运动趋势分析.

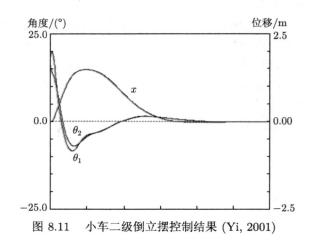

图 8.11　小车二级倒立摆控制结果 (Yi, 2001)

当倒立摆级数增加时, 即对于二级摆以上的更多级倒立摆控制系统, 由本小节的结果与日常的经验知识可以了解, 最末端的摆杆仍具有最高优先级, 按照设定重要度因子的方法, 由模糊系统可以实现多级倒立摆的控制.

8.2.1.3　小车二级倒立摆的 LQR 摆起控制

对于小车二级倒立摆的模糊控制, 也可考虑结合 LQR 进行降维控制. 本小节将讨论小车二级倒立摆的 LQR 摆起控制.

这里, 仍以第 2 摆杆的角度与角速度 θ_2, $\dot{\theta}_2$ 为要素考虑输入量的误差和误差变化, 即 $\tilde{X} = [E_{\theta_2}, EC_{\dot{\theta}_2}]^{\mathrm{T}}$.

设状态反馈系数矩阵 $u = KX$, $K = [K_x, K_{\theta_1}, K_{\theta_2}, K_{\dot{x}}, K_{\dot{\theta}_1}, K_{\dot{\theta}_2}]$, 通过选取适当的系数矩阵 Q, R, 由线性最优二次型 (Linear Quadratic Regulator, LQR)

$$J = \int_0^\infty (X^{\mathrm{T}}QX + u^{\mathrm{T}}Rx)dt$$

可求得 K, 且

$$\tilde{X} = \begin{bmatrix} \dfrac{K_x}{K_{\theta_2}} & \dfrac{K_{\theta_1}}{K_{\theta_2}} & 1 & 0 & 0 & 0 \\[2mm] 0 & 0 & 0 & \dfrac{K_{\dot{x}}}{K_{\dot{\theta}_2}} & \dfrac{K_{\dot{\theta}_1}}{K_{\dot{\theta}_2}} & 1 \end{bmatrix} \times \begin{bmatrix} x \\ \theta_1 \\ \theta_2 \\ \dot{x} \\ \dot{\theta}_1 \\ \dot{\theta}_2 \end{bmatrix}$$

当倒立摆处于能量最低的状态, 即摆杆 1 和摆杆 2 在重力作用下处于自然悬摆状态时, 通过控制可使其达到起摆并进入平衡状态. 若系统初始状态为 $x = 0$, $\theta_1 = -\pi\theta_2 = -\pi$, $\dot{\theta}_1 = 0, \dot{\theta}_2 = 0$, 此时, 控制过程曲线如图 8.12.

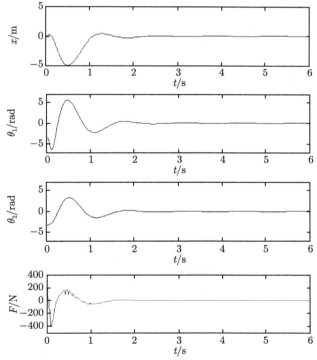

图 8.12　$\theta_1 = -\pi, \theta_2 = -\pi$ 时二级倒立摆摆起控制

可视化的运动过程如图 8.13 所示.

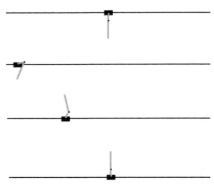

图 8.13　二级倒立摆起摆进程图示

模糊理论应用于机器人系统控制时, 具有形式多样、种类繁多的特点 (Wang and Mendel, 1992a, 1992b; Boghiu and Marghitu, 1998). 由于能够按照不同的任务条件及环境, 方便灵活地设计出效果优良、较易实现的模糊控制方案, 因而在工业制造领域获得了最广泛的应用. 因不同形式的倒立摆常常用以检验各种控制方法, 以图 8.14 所示并列双倒立摆模型为例. 与小车一级倒立摆或二级摆的控制要求相比, 并列倒立摆的控制难点在于, 当并列摆的长度相同时, 由于相同固有频率的影响, 将难以控制, 当并列摆的长度不同时, 较短倒立摆受到小车运动的影响将较大, 更易失稳, 通过优先考虑较长摆杆的动态特性, 将能够使并列倒立摆获得成功控制 (Yi et al., 2002).

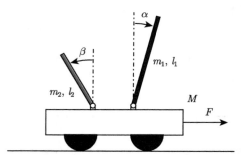

图 8.14　并列双倒立摆模型 (Yi et al., 2002)

8.2.2　机械臂末端振动的模糊控制

机械臂在执行任务时其末端执行器可能与执行对象之间发生碰撞振动, 例如, 工业机器人在装配线上与组件接触时会产生不可避免的碰撞, 精密操作机器人由于轻质长臂, 运动碰撞中还将附加一定的挠度, 影响了操作与控制精度. 因此, 刚柔耦合结构的非线性动力学与控制系统不仅建模困难, 而且控制设计与实施也较复杂. 本节考虑柔性操作系统与刚性杆发生碰撞振动模糊控制问题.

以简化的碰撞振动系统为例, 如图 8.15 所示, 两关节运动臂由一个刚性臂与一个柔性臂构成, 刚性臂可绕固定支点 O 转动, 细长柔性臂 AB 可在控制机构作用下绕 O_1 转动, 操作臂的执行对象 BS 为一刚性杆. 为使机械臂在碰撞后迅速回到平衡状态, 需在关节处进行控制, 例如, 在中心点 O_1 处可设置扭转控制力矩 u, 使 AB 在下一次执行中碰撞后迅速回复到平衡状态.

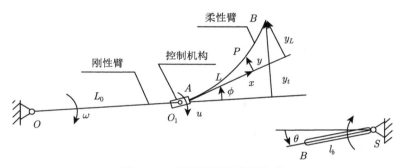

图 8.15　柔性操作臂碰撞模型

由 Lagrange 方程建立该模型的动力学方程, 通过一系列简化设定等, 可得柔性臂端部与执行臂在 B 点发生点-点瞬时碰撞时的动态响应, 因分析过程较复杂、内容较多, 若希望了解更多相关内容, 可以查阅参考资料, 这里, 直接引用柔性臂端部相对于动系的挠度

$$y_t = L\sin\phi + y_L(t)\cos\phi = L\sin\phi + \varphi_1(L)q_1(t)\cos\phi \qquad (8.2.4)$$

式中, L 为柔性臂长度, y_L 为柔性臂相对于动系的挠度, y_t 为其臂端的总挠度, $\varphi_1(L)$ 为固有振形, q_1 为广义坐标, ϕ 为柔性臂相对于刚性臂的转动角, 图 8.16(a) 为无控制时系统的碰撞响应.

应用模糊逻辑规则控制柔性臂端部的振动响应, 选择模糊控制器输入量为转动角 ϕ 及角速度 $\dot{\phi}$, 输出量为控制力矩 u, 采用 Mamdani 标准型模糊模型、梯形输入隶属度函数、三角形输出隶属度函数、Min-Max-重心法推理机制及重心解模糊法, 对碰撞振动响应进行控制.

模糊控制作用下的碰撞响应如图 8.16(b) 所示, 图中, 虚线表示碰撞发生的时刻, 在控制输出力矩的作用下, 碰撞响应很快回落到小幅振荡并逐渐趋于稳定的平衡位置, 直到下一次碰撞. 可见, 基于适当的模糊逻辑规则建立的模糊控制方法能够有效地抑制碰撞引起的过大振动.

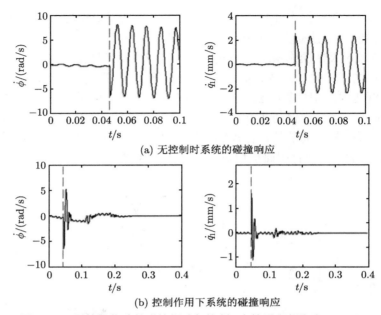

(a) 无控制时系统的碰撞响应

(b) 控制作用下系统的碰撞响应

图 8.16 柔性操作臂的碰撞振动与控制 (金栋平和胡海岩, 2006)

8.3 模糊智能决策支持系统

模糊智能决策支持是模糊系统理论与技术的综合应用, 模糊自动停车系统则为其典型例证. 自动驾驶一直是汽车电子领域中最具吸引力和先进技术的焦点, 在制造、材料和工艺等环节的技术进步, 最终通常由汽车电子尤其是自动驾驶得以实现. 本节将聚焦根据驾驶数据信息设计模糊自动停车系统.

此外, 与模糊集合、模糊隶属度以及模糊关系与合成等相关的模糊理论基础, 在社会、经济、科技等其他领域也有广泛的应用, 本节也将做简要介绍.

8.3.1 模糊自动停车系统

汽车行业是综合应用制造、材料、电子、通信等领域最新研发成果的专业领域, 通过快速地使用大量先进技术, 不仅提升了车辆的品质与驾驶特性, 也促进了社会与经济的发展和人们生活质量的改善, 因此, 许多新技术在汽车领域首先获得应用, 同时, 在车辆技术上的应用反过来又促进了这些新技术的进一步发展. 其中, 自动驾驶新技术以减轻驾驶员体力消耗和增强行驶安全可靠性等特点, 一直受到通信、电子、控制等领域工程界与产业界的关注.

目前, 自动驾驶一般需要 GPS 定位、红外测距、影像处理与分析以及驾驶控制等功能模块共同完成. 但是, 由于城乡道路人车混行环境复杂、高速道路车速快行车状况多变, 混杂的道路状况与行车环境一直制约着自动驾驶的现实应用, 使得大多数设置自动巡航或自动停车功能的车辆辅助驾驶系统均需人工参与. 以自动停车为例, 由于目标车位的环境与条件常常约束较多, 因而制约了自动停车系统的应用. 本小节通过一个简化的环境和要求, 考察基于经验知识的模糊逻辑控制器在自动停车控制上的应用及效果.

8.3.1.1 自动停车环境与条件

若已知有经验的驾驶员在车辆处于不同位置时停车到指定位置的控制行为, 则可以根据这些状态与控制的输入输出数据设计模糊系统, 由模糊控制系统来取代驾驶员, 实现自动驾驶. 这里以简化场景——卡车倒车到指定位置为例, 设计模糊系统在倒车控制中的应用, 实现将汽车从随机初始状态停到目标车位的控制, 如图 8.17 所示.

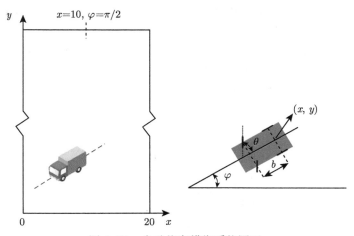

图 8.17　自动停车模糊系统图示

图中示出了卡车位置及装卸区域, 车辆位置由 (x, y, φ) 确定, 其中, x, y 为车辆位置, $x \in [0, 20]$, φ 为坐标横轴与车辆纵向对称线在坐标平面上投影的夹角即车向角, $\varphi \in [-\pi/2, 3\pi/2]$, θ 为控制量, 即每一次控制时方向盘的转动角度, $\theta \in [-40°, 40°]$, 面向车头方向, 向左为负, 向右为正, b 为车辆前后轴间距. 为直观起见, 此处车辆方位角采用了弧度单位, 方向盘转角采用了角度单位.

为便于分析, 假设卡车只可向后倒车, 卡车每隔一段时间都会向后移动, 移动距离是固定的, 且在卡车和装卸车位之间有足够的间隙, 无须考虑 y 的控制, 因此, 控制目标 (x, φ) 为 $(10, \pi/2)$.

建立车辆的数学模型

$$x(t+1) = x(t) + \cos[\varphi(t) + \theta(t)] + \sin[\theta(t)] \sin[\varphi(t)]$$

$$y(t+1) = y(t) + \sin[\varphi(t) + \theta(t)] - \sin[\theta(t)]\cos[\varphi(t)]$$

$$\varphi(t+1) = \varphi(t) - \sin^{-1}\left[\frac{2\sin(\theta(t))}{b}\right] \tag{8.3.1}$$

当已知初始状态 (x_0, y_0, φ_0) 时, 通过式 (8.3.1) 进行数值计算可求解车辆的位置 (x, y) 和状态 φ, 进而可根据模糊控制规则, 求取控制量 θ 进行控制. 同时, 这类输入输出变量也为控制过程可视化提供了系统数据, 因此, 在应用智能控制策略时, 建立对象系统的数学模型也是必要的.

8.3.1.2　模糊控制系统设计

车辆驾驶员控制方向盘转角的经验因个人不同而有差异, 对于模糊控制规则的设计也是如此, 可通过记录熟练驾驶员停车过程中的输入输出数据设计规则表, 也可通过观察直接设计模糊控制规则, 设计者观察提取到的规则可能不同, 但均有可能达到较好的控制性能 (Wang and Mendel, 1992a; 1992b).

根据自动停车的环境和条件参数, 在论域范围内确定输入输出语言变量的模糊子集数, 并选择相应的隶属度函数. 为此, 设定输入状态量车向角 φ、车辆位置 x 和控制量 θ 的模糊子集数分别为 $7, 5, 7$, 隶属度函数均为三角形函数, 如图 8.18 所示, 因此, 将有 $7 \times 5 = 35$ 条规则.

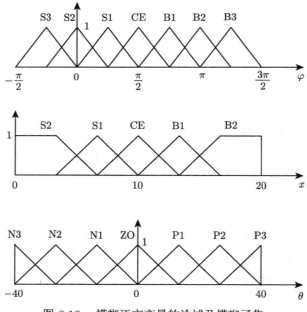

图 8.18　模糊语言变量的论域及模糊子集

模糊规则设计所依赖的知识经验, 均来自驾驶员在停车过程中对于车辆方位及方向盘的判断与决策, 例如, 当 $\varphi \in [-\pi/2, \pi/2]$ 时, 应向右转动方向盘, 即 $\theta \in [0°, 40°]$, 从而增加 φ 使其接近 $\pi/2$, 而当 $\varphi \in [\pi/2, 3\pi/2]$ 时, 则应向左转动方向盘, 即 $\theta \in [-40°, 0°]$, 依据这些数据和知识可提取规则, 可设计在不同状态条件下, 为达到目标状态所需的控制策略, 表 8.1 为模糊控制规则表.

表 8.1　2 输入 1 输出自动停车系统模糊控制规则

θ \\ x φ	S2	S1	CE	B1	B2
S3	P3	P3	P3	P3	P3
S2	P2	P3	P3	P3	P3
S1	**P1**(ZO)	**P2**(ZO)	**P2**(P1)	P3	P3
CE	N3	N1	ZO	P1	P3
B1	N3	N3	**N2**(N1)	**N2**(ZO)	**N1**(ZO)
B2	N3	N3	N3	N3	N2
B3	N3	N3	N3	N3	N3

由于不同的经验规则将导致不同的控制结果, 为分析不同设计所带来的控制效果, 表中给出了两种经验规则, 其中, 括号中的为初始控制策略: 当车辆偏离中心位置较远 (S2/S1 或 B2/B1), 车身有一定的偏角 (S1 或 B1) 时, 车辆只自动后退, 无方向盘控制量 (ZO); 当接近中心位置 (CE) 后, 再给定较小的方向盘控制量 (P1 或 N1), 若以车辆位置图示该规则, 如图 8.19 所示. 图中, 控制开始的起始阶段, 车辆行进轨迹为一直线, 当接近中心位置点时, 车向才开始发生改变.

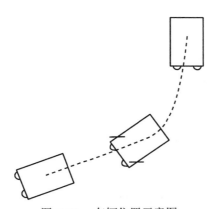

图 8.19　车辆位置示意图

为达到更平稳快速的控制效果, 在模糊子集上适当地调整了控制策略, 如表 8.1 中加粗字体, 还可将 2 输入 1 输出自动停车模糊控制规则表示为如图 8.20 所示效果图, 直接观察状态与输出之间的规则关系.

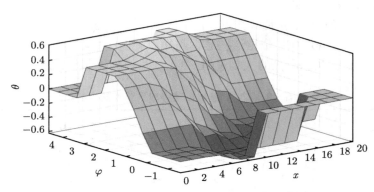

图 8.20　2 输入 1 输出模糊控制规则效果图

8.3.1.3　模糊自动停车结果及分析

首先, 给定初始位置 $(0, \pi/4)$、$(5, 3\pi/4)$, 输入语言变量经模糊化后, 由表 8.1 控制规则表 (括号内) 可得控制量, 本例推理方法采用 Min-Max-重心法, 解模糊采用重心法. 可得控制结果, 如图 8.21 所示.

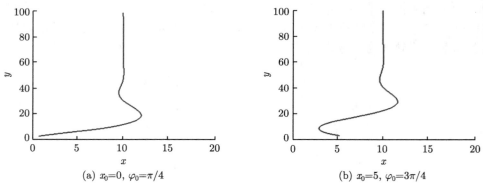

(a) $x_0=0$, $\varphi_0=\pi/4$ (b) $x_0=5$, $\varphi_0=3\pi/4$

图 8.21　自动停车模糊控制结果

在 $x_0 = 0, \varphi_0 = \pi/4$ 时, 车辆位置、姿态达到指定目标需 60 步时间, 超调量为 10%; 在 $x_0 = 5, \varphi_0 = 3\pi/4$ 时, 车辆位置、姿态达到指定目标需 70 步时间, 超调量为 10%. 可以看出, 在起始阶段车辆方向变化较小, 主要以横向位移为主, 体现了控制规则设计, 但是, 超调明显, 主要原因是在靠近 $x = 10$ 时方向盘转角依然较小, 无法及时将车身回正. 因此, 控制规则需做进一步调整.

考虑到接近理想目标时有较大的超调, 对原模糊控制规则进行修改: 当位置

误差较大 (负大 S2 或正大 B2) 时亦需对车辆方向进行调整, 但可取较小 (负小 N1 或正小 P1) 的方向盘转动角度控制量, 当接近 $x = 10$ 目标位置时, 增加方向盘转角控制幅度 (负中 N2 或正中 P2), 如表 8.1 控制规则表中加粗字体部分. 规则调整后的控制结果如图 8.22 所示.

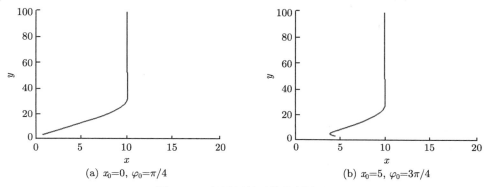

(a) $x_0=0$, $\varphi_0=\pi/4$ (b) $x_0=5$, $\varphi_0=3\pi/4$

图 8.22 规则调整后的控制结果

可以看出, 在 $x_0 = 0, \varphi_0 = \pi/4$ 时, 车辆位置、姿态达到指定目标需 30 步时间, 超调量为零, 在 $x_0 = 5, \varphi_0 = 3\pi/4$, 车辆位置、姿态达到指定目标需 30 步时间, 超调量为零. 在更新规则后, 自动停车控制获得了较好的效果, 达到稳定状态的时间较原规则缩短了 50%, 同时有效克服了超调.

两个初始状态条件下的车辆位置控制过程如图 8.23 所示, 其中, 位置 x 变化

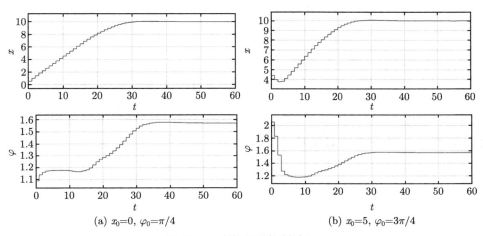

(a) $x_0=0$, $\varphi_0=\pi/4$ (b) $x_0=5$, $\varphi_0=3\pi/4$

图 8.23 车辆位置控制过程

较平稳, 而车向角 φ 在位置偏差 x 较大时亦有缓慢的变化, 从而使其尽快消除 x 方向上的偏差, 以接近 $x = 10$ 时不发生超调, 从而保证了规则设计时所参照的驾驶经验.

图 8.24 给出了可视化车辆受控轨迹, 由起始位置 $x_0 = 0, \varphi_0 = \pi/4$ 开始, 可以清晰地观察控制进程中每一步的车辆位置与状态, 图中给出了其中典型的中段及接近目标时的情形.

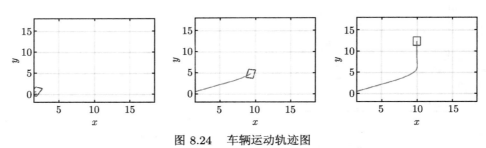

图 8.24　车辆运动轨迹图

8.3.2　社会经济活动中的模糊决策方案

在当前社会、经济、生态、医疗、管理等许多领域的科学决策中, 模糊逻辑可以提供定量化决策支持方案, 这对于充分应用数据、合理推断决策, 具有重要的现实意义.

例如, 设 X 是通胀指数论域, 四个模糊子集 A_1, A_2, A_3, A_4 分别表示 "有可能""比较可能""非常可能""极不可能" 四个模糊概念. 对于一个待判别参数 $x_0 \in X$, 由于概念信息具有模糊性, 因而 x_0 并不绝对地隶属于某一子集, 但是分析师必须做出明确的判断. 这类问题可按最大隶属度原则或择近原则确定, 有时也被视作模糊决策问题.

8.3.2.1　边坡方案模糊决策支持

考察下面的问题: 边坡设计是露天开采设计的一部分, 边坡设计方案是指在最大限度地提高矿山利润率和回采矿量的准则下, 为露天矿设计的安全可靠的采场方案. 某露天矿有 5 个边坡设计方案, 其各项参数来源于实际数据分析, 如表 8.2 所示, 请对比各方案性能, 并选择最佳方案.

表 8.2　某露天矿边坡方案参数表

参数	方案 I	方案 II	方案 III	方案 IV	方案 V
可采矿量/万吨	4700	6700	5900	8800	7600
基建投资/万元	5000	5500	5300	6800	6000
采矿成本/万元	4	6.1	5.5	7	6.8
不稳定费用/万元	30	50	40	200	160
净现值/万元	1500	700	1000	50	100

最佳方案分析所依据的参数主要有五项, 需使五项参数尽可能满足: 可采矿量尽可能大, 基建投资尽可能少, 采矿成本低、不稳定费用少, 以及净现值高等要求, 同时, 在求取最佳方案过程中, 由于每一项参量的重要程度是不同的, 因而需要采用重要度衡量, 例如, 可采矿量和净现值是最重要的, 基建投资和采矿成本较重要, 而不稳定成本的重要性为一般.

首先, 确定各考察指标参数的模糊隶属度函数. A, B, C, D, E 分别为可采矿量、基建投资、采矿成本、不稳定费用, 以及净现值等参数值构成的模糊集合.

(1) 可采矿量的模糊隶属度函数.

由表可知, 勘探获知的地矿储存量最大为 8800 万吨, 采用资源利用系数作为模糊隶属度函数

$$\mu_A = \frac{x}{8800}$$

(2) 基建投资的模糊隶属度函数.

按照投资约束 $\leqslant 8000$ 万元, 有

$$\mu_B = 1 - \frac{x}{8000}$$

(3) 采矿成本的模糊隶属度函数.

按照采矿行业核算, 采矿成本低于 5.5 万元/百吨时, 为低成本, 当大于 8 万元/百吨时, 则为高成本, 有

$$\mu_C = \begin{cases} 1, & x \leqslant 5.5 \\ -0.4x + 3.2, & 5.5 < x \leqslant 8.0 \\ 0, & x > 8.0 \end{cases}$$

(4) 不稳定费用的模糊隶属度函数.

采用线性隶属度函数

$$\mu_D = 1 - \frac{x}{200}$$

(5) 净现值的模糊隶属度函数.

采用线性隶属度函数

$$\mu_E = \frac{x - 0.5}{14.5}$$

其中, 0.5 (百万元) $\leqslant x \leqslant 15$ (百万元).

由各模糊隶属度函数可求得 5 个方案中各参量所对应的隶属度 (表 8.3).

表 8.3　边坡方案中各参量的隶属度值表

参数	方案 I	方案 II	方案 III	方案 IV	方案 V
可采矿量	0.543	0.761	0.67	1	0.864
基建投资	0.375	0.313	0.338	0.15	0.25
采矿成本	1	0.76	1	0.4	0.48
不稳定费用	0.85	0.75	0.8	0	0.2
净现值	1	0.448	0.655	0	0.034

据此, 可得模糊关系矩阵

$$R = \begin{bmatrix} 0.543 & 0.761 & 0.67 & 1 & 0.864 \\ 0.375 & 0.313 & 0.338 & 0.15 & 0.25 \\ 1 & 0.76 & 1 & 0.4 & 0.48 \\ 0.85 & 0.75 & 0.8 & 0 & 0.2 \\ 1 & 0.448 & 0.655 & 0 & 0.034 \end{bmatrix}$$

　　若采用模糊语言描述各参量对方案性能评价的 "影响程度", 则在影响程度模糊子集中, 最大隶属度值为 1 时表示 "重要", "较重要"、"一般"、"较轻" 和 "轻" 的隶属度值可表示为 0.8, 0.6, 0.4, 0.2. 按照可采矿量、基建投资、采矿成本、不稳定费用, 以及净现值等对性能评价的影响程度, 可得模糊隶属度值矩阵 $S_f = [1, 0.8, 0.8, 0.4, 1]$, 由此可求综合评价结果

$$T_f = S_f \circ R$$
$$= [1, 0.8, 0.8, 0.4, 1] \circ R$$
$$= [2.983, 2.367, 2.725, 1.440, 1.562]$$

　　露天矿边坡设计实际上是露天采场经济、安全、生态与环境的综合设计, 只有把边坡设计纳入整个采矿系统的技术与经济效果的综合评价, 才能充分发挥边坡工程为矿山企业增加经济效益、保证生产安全、保障生态保护的作用, 才能获得经济与社会效果最佳的边坡设计方案.

8.3.2.2　良种选育模糊判别

　　若 A_1, A_2 为高斯分布模糊集, 具有参数 $(c_1, \sigma_1), (c_2, \sigma_2)$, 则可由

$$(A_1, A_2) = e^{-\left(\frac{c_2-c_1}{\sigma_2+\sigma_1}\right)^2} \tag{8.3.2}$$

计算其接近程度.

　　在小麦亲本选育中, 以每株小麦百粒质量为性能指标, 构成论域 X, 每一个亲本以高斯分布模糊集表示, 则可采用统计方法求出平均值 σ 及方差 σ, 若有 5 个

亲本为样本, 其参数 $c_i, \sigma_i(i = 1, \cdots, 5)$ 如表 8.4 所示. 当有亲本参数 (c_0, σ_0) 为 $(3.43, 0.28)$ 时, 可通过求取 (A_0, A_i) 并按择近原则判断其类型.

表 8.4　良种选育参数

参数	亲本名				
	早熟 A_1	矮秆 A_2	大粒 A_3	高肥丰产 A_4	中肥丰产 A_5
c	3.7	2.9	5.6	3.9	3.7
σ	0.3	0.3	0.3	0.3	0.2

由式 (8.3.1) 可得

$$(A_0, A_1) \doteq 0.78, \quad (A_0, A_2) \doteq 0.44, \quad (A_0, A_3) \doteq 0,$$

$$(A_0, A_4) \doteq 0.52, \quad (A_0, A_5) \doteq 0.68$$

根据择近原则, 该亲本为早熟 A_1 类型 (罗承忠, 2005; 刘来福, 1979).

8.4　本 章 小 结

本章全面介绍了模糊系统在多个领域的应用, 包括智能信息处理、智能信息控制与智能决策支持等, 讨论了如何通过模糊系统的设计, 将人们的经验知识和对象系统的数据信息, 充分应用于问题求解, 涉及辅助诊断、运动控制、决策支持, 表明了在未经建立精确数学模型的情况下, 模糊系统理论与方法对复杂系统管理与控制的重要意义.

思 考 题

8.1　通过本章的介绍, 你了解了模糊系统在哪些领域的应用, 设想一下, 还可以应用在哪些方面, 试举一例.

8.2　通过本章的学习, 你一定了解了先验知识在模糊系统设计中的作用, 请利用你所熟悉的专业知识, 设计一个模糊信息处理或模糊控制系统的应用实例.

参 考 文 献

成艺. 2017. 基于人脸关键点标记的特征识别及姿态估计. 中国科学院自动化研究所硕士学论文.

金栋平, 胡海岩. 2005. 碰撞振动与控制. 北京: 科学出版社.

刘来福. 1979. 模糊数学在小麦亲本识别上的应用. 北京师范大学学报 (自然科学版), 15(3): 78-85.

罗承忠. 2005. 模糊集引论 (上册). 2 版. 北京: 北京师范大学出版社.

叶茜. 2019. 基于日面图像的太阳指数预报. 中国科学院大学硕士学位论文.

Boghiu D, Marghitu D B. 1998. The control of an impacting flexible link using fuzzy logic strategy. Journal of Vibration and Control, 4(3): 325-341.

Wang L X, Mendel J M. 1992a. Generating fuzzy rules by learning from examples. IEEE Trans. Syst. Man, Cybern., 22(6): 1414-1427.

Wang L X, Mendel J M. 1992b. Fuzzy basis functions, universal approximation, and orthogonal least-squares learning. IEEE Trans. Neural Networks, 3(5): 807-814.

Yi J Q, Yubazaki N, Hirota K. 2001. Stabilization control of series-type double inverted pendulum systems using the SIRMs dynamically connected fuzzy inference model. Artificial Intelligence in Engineering, 15(3): 297-308.

Yi J Q, Yubazaki N, Hirota K. 2002. A new fuzzy controller for stabilization of parallel-type double inverted pendulum system. Fuzzy Sets and Systems, 126(1): 105-119.

第 9 章　模糊系统理论与应用展望

半个世纪以来, 模糊系统由模糊集合和模糊逻辑的创立开始发展, 在 Mamdani 模型和 T-S 模型获得成功应用之后, 到二十世纪九十年代, 无论是在模糊控制还是传统控制领域, 都见证了模糊控制的快速兴起. 由于缺乏稳定性分析和模糊控制系统的稳定性算法等, 模糊系统理论与应用仍然面临巨大的质疑和批评. 但是, 一种显著的情况是, 模糊系统的许多成功应用正在改变人们对于控制范式的传统顾虑, 逐渐不再囿于经典控制与现代控制对智能控制的要求, 而是转向更多领域更大范围和更成功的应用.

9.1　分段多仿射模糊系统

近年来, 一类单值模糊模型 (Singleton Fuzzy System) 受到关注, 在 Lyapunov 稳定性分析及分段多仿射系统设计等方面进展显著, 并逐步形成了一类新型模糊模型研究方法.

9.1.1　单值模糊模型

将非线性系统进行降维处理或线性化是其求解或控制的有效方式, 但是在此过程中, 需要满足较强的约束条件, 因而制约了其解的泛化能力. 可以通过寻求相对较弱的假设条件, 并通过这些条件来进行非线性系统的控制设计. 分段线性化是非线性系统化为线性处理的有效方式 (Kevenaar, 1992), 例如, 在模糊系统中, 以 T-S 函数型模型描述的分段线性系统, 就是典型的非线性系统进行线性化的形式, 如式 (6.1.3) 计算 μ_k 的情形.

任意彼此孤立的平衡状态都可通过坐标变换, 移到坐标原点处 (绪方胜彦, 1976). 通过仿射变换 (Affine Transformation) 实现分段 (Piecewise) 光滑的线性化系统, 可采用 Lyapunov 第二方法分析稳定性. 这一节讨论这种状态的稳定性分析.

9.1.2　分段多仿射模糊系统

分段仿射 (Piecewise Affine, PWA) 系统由若干子系统和决定每一时刻有效子系统的切换律组成, 可以以任意的精确程度描述系统的混杂程度, 采用 PWA 模型可以比较方便地建立并求解系统的性能分析问题.

仿射非线性系统是一种非线性系统, 在 n 维欧氏空间 R^n, 其系统状态空间方程可以表示为

$$\dot{x} = f(x) + \sum_{i=1}^{n} g_i(x)u_i \tag{9.1.1}$$

式中, $f(x), g_i(x)$ 为系统的状态函数, u 为控制输入, $i = 1, \cdots, n$. 可以看出, 仿射非线性系统对状态变量是非线性的, 对输入 u 却是线性的. 单一线性映射只适用于特定子空间, 多个线性映射子空间的集合共同构成了多仿射非线性系统, 即仿射非线性系统.

继提出 T-S 型模糊模型后, Michio Sugeno 及其合作者一直致力于探索模糊系统控制理论及其稳定性研究, 发展了单值模糊系统及分段多仿射模型等理论方法 (Nguyen et al., 2019).

考虑 T-S 函数型模糊系统,

$$\text{Rule } R^i: \text{ If } x_1 \text{ is } H_1^i, \text{ and } \cdots x_m \text{ is } H_m^i,$$

$$\text{Then } y \text{ is } f^i(x_1, x_2, \cdots, x_m), i = 1, 2, \cdots, n$$

式中, $H_j^i, j = 1, 2, \cdots, m$ 为模糊集合, n 为模糊规则条数, $f^i(\cdot)$ 通常为线性函数, 如

$$f^i(x_1, x_2, \cdots, x_m) = c^i + a_1^i x_1 + a_2^i x_2 + \cdots + a_m^i x_m$$

式中, 参数 c^i, a_j^i 为常数, $j = 1, 2, \cdots, m$. 在只有参数 c^i 不为零的情况, 即 c^i 为单值时, 上述模型可简化为

$$\text{Rule } R^i: \text{ If } x_1 \text{ is } H_1^i, \text{ and } \cdots x_m \text{ is } H_m^i,$$

$$\text{Then } y \text{ is } c^i, i = 1, 2, \cdots, n$$

即 T-S 模型的特例形式, 常被称为单值模糊系统 (Sugeno, 1999).

若以状态方程的形式描述 T-S 型模糊系统 (Tanaka, 2001), 可以表示为

$$\text{Rule } R^i: \text{ If } z_1(t) \text{ is } M_1^i, \text{ and } \cdots \text{ and } z_p(t) \text{ is } M_p^i,$$
$$\text{Then } \dot{x} = A_i x(t) + B_i u(t) \tag{9.1.2}$$

式中, $z(t)$ 为前提变量向量, $z(t) = [z_1(t), \cdots, z_p(t)]$, M_k^i 为模糊集合, $i \in \Omega_r, k \in \Omega_p, r$ 为推理规则数, A_i, B_i 为第 i 条规则下模型的状态空间矩阵. Ω_N 为 $\{1, 2, \cdots, N\}$, 对于实数域 R 中向量 $x \in R^n$, x_i 表示其第 i 个参量, $i \in \Omega_n$. 对于单值模糊系统, 类似地, 为简化起见, 当输入 $u \equiv 0$ 时, 根据式 (9.1.1) 和 (9.1.2), 有

$$\dot{x} = f(x) \tag{9.1.3}$$

式中, x 为状态向量, $x \in R^n$, $f(\cdot)$ 为光滑向量函数. 因在实际控制中, 每一个状态变量均处于一定的区间范围, 如 $x_{i,\min} \leqslant x_{(i)} \leqslant x_{i,\max}, i \in \Omega_n$, $x_{i,\min}$ 和 $x_{i,\max}$ 分别为第 i 个输入向量 x 的最小、最大值, 因此, 状态向量集 $R = [x_{1,\min}, x_{1,\max}] \times \cdots \times [x_{n,\min}, x_{n,\max}]$.

这里, 式 (9.1.3) 将单值模糊模型与分段多仿射系统联系起来, 由于单值模糊模型的输入输出之间具有多重仿射函数关系 (Nguyen et al., 2019), 因而也被称为分段多仿射 (Piecewise Multi-Affine, PMA) 模糊系统. 从 2000 年以来, 由于 PMA 在 Lyapunov 稳定性分析及线性矩阵不等式 (Linear Matrix Inequality, LMI) 及 H_∞ 控制等方面, 逐渐突破原有模型在稳定性分析等方面的局限, 逐渐成为 Mamdani 型标准模糊模型、T-S 函数型模糊模型之外的第三种模糊系统模型.

分段仿射用于系统控制具有许多优点. 首先, 对于非线性系统的分析, PMA 模型较易获得; 其次, PMA 模型具有逼近任何光滑非线性系统的潜力; 再次, 由查表法即可简洁地实现 PMA 模型, 查表法是模糊系统中模型逼近和实现控制的实用方法之一; 最后, PMA 模型是完全参数化的, 任何状态变量及其变化量均可以由参数表达式表示. 因此, PMA 提供了控制问题求解的一种系统性框架.

9.1.3 基于 LMI 的 PMA 稳定性分析

分段多仿射模糊系统在理论和实践上的若干特点, 为其在系统控制与稳定性分析等方面的深入研究提供了条件. 针对连续时间和离散时间 PMA 系统, 通过考虑作为状态变量函数的三角隶属度函数的信息, Sugeno 建立了二次型 Lyapunov 稳定性框架的理论基础 (Sugeno, 1999), 并给出了基于线性矩阵不等式的稳定性分析等理论 (Sugeno and Taniguchi, 2004; Nguyen et al., 2017), 这些方法既克服了常规 Mamdani 模型多依赖经验知识缺乏系统化建模的缺点, 又解决了包含 T-S 模型的模糊系统在稳定性分析方面面临的困难.

Lyapunov 稳定性分析第二方法基于二次型函数, 不需要求出微分方程的解, 在给定系统矩阵的情况下, 分段多仿射模型结合 Lyapunov 稳定性理论, 基于分段 Lyapunov 函数的选择, 将稳定性条件表示为具有线性矩阵不等式约束的凸优化过程, 通过求解一组带约束的 LMI 来构造使系统稳定的 Lyapunov 函数, 从而可求解满足关于二次型 Lyapunov 函数的必要和充分的稳定性条件.

考虑分段多仿射系统 (9.3), 展开成状态空间方程 (Nguyen et al., 2017), 有

$$
\begin{cases}
\dot{x} = \displaystyle\sum_{k \in K_v} \eta_k(x) F_k \\
x = \displaystyle\sum_{k \in K_v} \eta_k(x) \chi_k
\end{cases}
\tag{9.1.4}
$$

其中, η_k 是与隶属度函数有关的参数项

$$\eta_j^{[k_j]}(x_j) = \begin{cases} \dfrac{x_j - \chi_j^{[k_j-1]}}{\chi_j^{[k_j]} - \chi_j^{[k_j-1]}}, & x_j \in [\chi_j^{[k_j-1]}, \chi_j^{[k_j]}] \text{ 且 } j \geqslant 2 \\ \dfrac{\chi_j^{[k_j+1]} - x_j}{\chi_j^{[k_j+1]} - \chi_j^{[k_j]}}, & x_j \in [\chi_j^{[k_j]}, \chi_j^{[k_j+1]}] \text{ 且 } j \leqslant N_j \\ 0, & \text{否则} \end{cases} \tag{9.1.5}$$

F_k 为单值向量 (Singleton Vector), $F_k = f(\chi_k)$, χ_k 是与隶属度函数有关的参数项, 这里指输入 x 的各分量 x_j 在三角隶属度函数子集闭区间上的端点, 其变量空间形如

$$x_{j,\min} = \chi_{j,1} < \chi_{j,2} < \cdots < \chi_{j,N_j+1} < x_{j,\max}$$

其中, $j \in \Omega_n$, K_v 为采用三角隶属度函数情况下由模糊集端点诱导出的指数集, $K_v = \Omega_{N_1+1} \times \cdots \times \Omega_{N_n+1}$.

对于由方程 (9.1.4) 所确定的系统, 取一个可能的 Lyapunov 函数, 如

$$V(x) = x^{\mathrm{T}} P x$$

其中, P 为正定的 Hermite 矩阵. 由于构造全局二次型 Lyapunov 函数较困难, 采用分段光滑二次型函数的线性方式 (Nguyen et al., 2019, 2017; Johansson et al., 1999), 有

$$V(x) = \begin{cases} x^{\mathrm{T}} P_i x, & x \in R_i, i \in K_Z \\ \hat{x}^{\mathrm{T}} \hat{P}_j \hat{x}, & x \in R_j, j \in K_{NZ} \end{cases} \tag{9.1.6}$$

式中, $P_i, \hat{P}_j$ 为 Lyapunov 矩阵, $\hat{x} = [x^{\mathrm{T}}, 1]^{\mathrm{T}}$, 不失一般性, 假设 $x = 0$ 为系统 (9.1.4) 的平衡点, 对应于输入空间的顶点 χ_{k_0}, $k_0 \in K_v$, 令 K_Z 为包含原点的零值区集, K_{NZ} 为非零区集.

因此, 对给定分段多仿射系统 (9.1.4), 其二次型稳定性条件为满足下列线性矩阵不等式

$$P_i - L_i^{\mathrm{T}} U_i L_i > 0, \quad i \in K_Z \tag{9.1.7}$$

$$\mathrm{He} \begin{bmatrix} Y_{1i} + L_i^{\mathrm{T}} W_i L_i/2 & -Y_{1i}\chi_k + P_i F_k \\ Y_{2i} & -Y_{2i}\chi_k \end{bmatrix} < 0, \quad i \in K_Z, \quad k \in K_i^* \tag{9.1.8}$$

$$\hat{P}_j - \hat{L}_j^{\mathrm{T}} U_j \hat{L}_j > 0, \quad j \in K_{NZ} \tag{9.1.9}$$

$$\mathrm{He}\begin{bmatrix} \hat{Y}_{1j} + \hat{L}_j^{\mathrm{T}} W_j \hat{L}_j/2 & -\hat{Y}_{1j}\hat{\chi}_k + \hat{P}_j \hat{F}_k \\ \hat{Y}_{2j} & -\hat{Y}_{2j}\hat{\chi}_k \end{bmatrix} < 0, \quad j \in K_{NZ}, \quad k \in K_j \quad (9.1.10)$$

式中, L_i, L_i^{T} 为约束矩阵, 分别保证在各自区间内适当的 Lyapunov 函数, U_q, W_q 为非负对称矩阵, $U_q \in R^{2n \times 2n}$, $W_q \in R^{2n \times 2n}$, $q \in K_r$, $K_r = \Omega_{N_1} \times \cdots \times \Omega_{N_n}$, K_r 与 K_N 及 K_{NZ} 之间有 $K_{NZ} = K_r/K_N$, 且 $Y_{1i} \in R^{n \times n}$, $Y_{2i} \in R^{1 \times n}(i \in K_Z)$, $\hat{Y}_{1j} \in R^{(n+1) \times (n+1)}$, $\hat{Y}_{2j} \in R^{1 \times (n+1)}(j \in K_{NZ})$, K_i 为与模糊隶属端点相关数集, $K_i = \{i_1, i_1 + 1\} \times \cdots \times \{i_n, i_n + 1\}$. 因此, 求解满足约束条件的线性矩阵不等式 (9.1.8) 和式 (9.1.10), 则可得到渐近稳定的分段仿射系统.

需要说明的是, 由于三角隶属度函数是模糊系统最实用的隶属度函数, 在关于 PMA 系统的控制及稳定性分析中, Sugeno 首先给出了基于三角隶属度函数及凸模糊集的方法, 目的是在考虑作用域信息和减少控制器设计的保守性时, 便于将控制器设计问题转化为双线性矩阵不等式的求解问题, 当选用高斯型隶属度函数及梯形隶属度函数时亦可具体分析.

9.1.4 基于 Lyapunov 二次型的 PMA 控制设计

不失一般性, 在为控制系统

$$\dot{x} = Ax + Bu$$

(式中, x, u 分别为状态向量和控制向量, A, B 分别为常系数状态矩阵和控制矩阵) 设计控制器时, 常选择控制向量 $u(t)$ 使得给定的性能指标达到极小. 可以证明, 当积分限由零变化到无穷大, 即

$$J = \int_0^\infty E(x, u) dt$$

(式中, $E(x, u)$ 是 x, u 的二次型函数) 时, 在二次型性能指标中所得的控制规律是线性的, 也就是

$$u(t) = -Gx(t)$$

式中的 G 为 $r \times n$ 阶矩阵, 即

$$\begin{bmatrix} u_1 \\ u_2 \\ \vdots \\ u_r \end{bmatrix} = \begin{bmatrix} g_{11} & g_{12} & \cdots & g_{1n} \\ g_{21} & g_{22} & \cdots & g_{2n} \\ \vdots & \vdots & & \vdots \\ g_{r1} & g_{r2} & \cdots & g_{rn} \end{bmatrix} \begin{bmatrix} x_1 \\ x_2 \\ \vdots \\ x_n \end{bmatrix}$$

所以, 基于二次型性能指标最佳控制系统的设计, 就简化为确定矩阵 G 的各个元素.

由于 Lyapunov 第二方法选择二次型函数作为度量稳定性的指标, 出于一致性, 在这一节中, 将讨论基于二次型性能指标的 PMA 控制系统的设计. 对于式 (9.4) 的控制系统, 有

$$
\begin{cases}
\dot{x} = \sum_{k \in K_v} \eta_k(x)(F_k + G_k u) \\
x = \sum_{k \in K_v} \eta_k(x)\chi_k
\end{cases}
\tag{9.1.11}
$$

式中, G_k 为控制矩阵, $G_k = g(\chi_k)$. 在 Sugeno 关于 PMA 大量研究的基础上, Nguyen 与其合作共同给出了控制律 (Nguyen et al., 2019)

$$
u(x) = \sum_{k = K_v} \eta_k(x)\nu_k + Hx
\tag{9.1.12}
$$

式中, H 为线性反馈增益, ν_k 为控制输入, 初始值 $\nu_0 = 0$. 该控制律由两部分组成, $\sum_{k=K_v} \eta_k(x)\nu_k$ 为参数部分, 同 (9.1.11), Hx 为线性反馈部分, 当 $x = 0$ 附近为开环不稳定时, 对于确保闭环稳定性至关重要, H 为线性反馈增益. 当满足下列矩阵不等式时, 可求得控制向量 $\nu_k \in R^{m \times 1}$,

$$
P_i - L_i^{\mathrm{T}} U_i L_i > 0, \quad i \in K_Z
\tag{9.1.13}
$$

$$
\mathrm{He}
\begin{bmatrix}
\Gamma_i & P_i G_q & -Y_{1i}\chi_k + P_i F_k + H\nu_k \\
Y_{2i} + H & -I/2 & \nu_k - Y_{2i}\chi_k \\
Y_{3i} & 0 & -\nu_k^{\mathrm{T}}\nu_l/2 - Y_{3i}\chi_k
\end{bmatrix}
< 0,
\tag{9.1.14}
$$

$$
i \in K_Z, \quad q \in K_i, \quad k \in K_i^*, \quad l \in K_i^*
$$

$$
\hat{P}_j - \hat{L}_j^{\mathrm{T}} U_j \hat{L}_j > 0, \quad j \in K_{NZ}
\tag{9.1.15}
$$

$$
\mathrm{He}
\begin{bmatrix}
\hat{\Gamma}_j & \hat{P}_j \hat{G}_q & -\hat{Y}_{1i}\hat{\chi}_k + \hat{P}_i \hat{F}_k + \hat{H}\nu_k \\
\hat{Y}_{2i} + \hat{H} & -I/2 & \nu_k - \hat{Y}_{2i}\hat{\chi}_k \\
\hat{Y}_{3i} & 0 & -\nu_k^{\mathrm{T}}\nu_l/2 - \hat{Y}_{3i}\hat{\chi}_k
\end{bmatrix}
< 0,
\tag{9.1.16}
$$

$$
j \in K_{NZ}, \quad k \in K_j, \quad l \in K_j
$$

式中, U_q, W_q 为非负对称矩阵, $U_q \in R^{2n \times 2n}, W_q \in R^{2n \times 2n}, q \in K_r, Y_{1i} \in R^{n \times n}$, $Y_{2i} \in R^{m \times n}, Y_{3i} \in R^{1 \times n}(i \in K_Z), \hat{Y}_{1j} \in R^{(n+1) \times (n+1)}, \hat{Y}_{2j} \in R^{m \times (n+1)}, \hat{Y}_{3j} \in R^{1 \times (n+1)}(j \in K_{NZ})$, 同时, $\hat{H} = [H, 0], \hat{G}_k = [G_k, 0]^T, k \in K_j, j \in K_{NZ}$, 且

$$\Gamma_i = Y_{1i} + (L_i^T W_i L_i + H^T H)/2, \quad i \in K_Z$$

$$\hat{\Gamma}_j = \hat{Y}_{1j} + (\hat{L}_j^T W_j \hat{L}_j + \hat{H}^T \hat{H})/2, \quad j \in K_{NZ}$$

设计控制系统的经典方法是: 先设计出控制系统, 然后判断系统的稳定性. 与此不同的另一种方法是: 先用公式表示出稳定性条件, 然后在这些限制条件下设计系统. 因为对于一大类控制系统, 在 Lyapunov 函数和用来综合最佳控制系统的广义二次型性能指标之间可找到一个直接的关系式. 本节控制器设计用 Lyapunov 第二方法作为最佳控制器的设计基础, 那么所求解的系统 ν_k 则具有稳定的结构, 系统输出将能够连续地朝着所希望的状态转移, 保证了系统能正常工作, 因而是渐近稳定的.

分段多仿射型模糊系统提供了一种基于模型的模糊分析方法, 并且由于结论部分的单值特性, 可通过状态空间的线性特性, 由 Lyapunov 第二方法展开关于二次型函数指标的稳定性分析, 这两个主要特征使分段多仿射型模糊分析与控制在两方面具有重要意义. 一是避免了 Mamdani 型模糊系统单一依赖于经验知识的无模型分析缺点, 二是实现了模糊模型的稳定性分析, 因为基于 T-S 模型通常无法给出对给定非线性系统的非保守稳定性分析.

因此, 分段多仿射模糊模型是一种新的模糊模型方式, 与 Mamdani 标准型模糊模型与 T-S 函数型模糊模型一样, 分别代表了一种典型的模糊系统形式, 可被称作第三种模糊模型——PMA 型模糊系统, 这也是在本节对分段多仿射模型进行详细描述的原因.

此外, 在模糊系统控制设计以及稳定性分析方面, 近年来仍有大量新的研究进展, 例如, H_∞, H_2 等方法, 或针对外部干扰及鲁棒特性, 或与时滞、模型不确定性等相关 (Tanaka and Wang, 2001; Feng, 2006), 本节不再作过多介绍.

9.2 模糊-神经网络控制理论与方法

人工神经网络是以电子电路、数学工具及计算机技术等方式表达的生物神经网络形式. 在模式识别、信号处理、系统估计与控制等领域, 与人工神经网络相关的技术获得了广泛的应用. 本节简要介绍神经网络及其与模糊系统理论的结合与应用, 更多关于反馈神经网络 (Backpropagation Neural Networks, BP)、感知机 (Perception) 与卷积神经网络 (Convolution Neural Networks, CNN) 等内容, 可查阅相关资料.

9.2.1　神经元与神经网络

神经元是神经组织结构中的基本单元, 生物体在受到外界刺激时将产生基本反应, 人工神经元模仿了这一功能过程. 若由输入量 $x_i, i = 1, 2, \cdots, n$ 与输出量 y 的函数来表示单个神经元, 如图 9.1 所示, 首先可求输入量的加权和

$$z = \sum_{i=1}^{n} w_i x_i - b \tag{9.2.1}$$

式中, w_i 表示第 i 个输入与神经元之间的连接权重, b 为神经元偏置, z 表示刺激信号, 在激活函数 (多为非线性函数)$f(\cdot)$ 的作用下, 可得神经元的输出

$$y = f(z) = f\left(\sum_{i=1}^{n} w_i x_i - b\right) \tag{9.2.2}$$

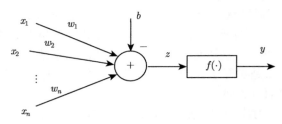

图 9.1　单个神经元模型

当信号 z 足够大时, 神经元将被激活, 激活函数模拟了生物神经元受到刺激的反应过程. 常用激活函数有 Sigmoid 函数

$$f(z) = \frac{1}{1 + e^{-z}} \tag{9.2.3}$$

及阈值函数

$$f(z) = \begin{cases} 1, & z \geqslant 0 \\ 0, & z < 0 \end{cases} \tag{9.2.4}$$

激活函数的非线性性质使人工神经网络具有了非线性特征, 这一特性也是神经网络拥有非线性映射与强大学习能力的主要原因.

若干神经元相互连接就构成了神经网络, 图 9.2 为三层神经网络基本模型. 图中, 圆圈表示单个神经元, 包括连接权重、偏置和激活函数, 连线表示神经元之间、

层间的连接, 三层结构分别表示了输入层、隐含层、输出层, 可通过增加隐含层的方式扩充神经网络的层间结构.

对此三层神经网络结构, 若输入层、隐含层和输出层的神经元个数分别为 n, n_1 和 m, 则隐含层各神经元输出可表示为

$$x_j = f_j^{(1)} \left(\sum_{i=1}^n w_{ij}^{(1)} x_i - b_j^{(1)} \right)$$

式中, $w_{ij}^{(1)}$ 表示输入层各神经元到隐含层上第 j 个神经元的权重, $j = 1, 2, \cdots, n_1$.

输出层各神经元

$$y_j = f_j \left(\sum_{i=1}^{n_1} w_{ij} x_i^{(1)} - b_j \right)$$

式中, w_{ij} 表示隐含层各神经元到输出层第 j 个神经元的权重, $j = 1, 2, \cdots, m$.

$b_j^{(1)}$, b_j 分别为隐含层与输出层神经元的偏置值, 可由设计选择确定, $f_j^{(1)}$, f_j 分别为隐含层与输出层上神经元的激活函数, 可选择相同的激活函数, 也可选择不同的激活函数, 此外, 同一层内不同神经元之间也可选择相同或不同的激活函数.

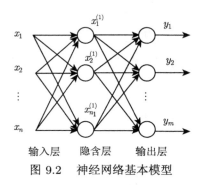

图 9.2 神经网络基本模型

神经元结构及其网络组织上的加权求和与激活函数等计算, 还可选择经验知识或隶属度函数进行设计, 因而可将模糊逻辑及其推理运算方法运用于神经元及神经网络, 构成模糊-神经网络组合结构.

9.2.2 模糊-神经网络组合结构

同模糊逻辑一样, 神经网络也是人工智能的一种实现方式, 如果说前者偏向于推理过程, 那么, 后者侧重于刺激的反应过程, 表现在计算上则是一种强大的映射能力, 若将这两种方式组合起来, 构成的模糊-神经网络结构将具有推理及映射

功能. 在人工智能发展进程中, 模糊-神经网络组合结构一直颇受关注 (Pedrycz, 1993; 孙增圻, 2000; Gupta et al., 2003).

　　将模糊控制系统的设计步骤与神经网络的层间结构相对应, 可得一种模糊神经网络组合结构, 如图 9.3 所示.

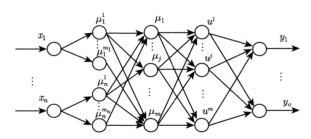

　　　　第一层 (输入层)　　第二层　　第三层　　第四层　　第五层 (输出层)
图 9.3　模糊-神经网络模型结构图

　　第一层为输入层, 该层将输入值 $x_i, i = 1, 2, \cdots, n$ 直接传到下一层, 该层的节点数为 n.

　　第二层为输入变量的模糊区间分割层, 第 i 个输入变量 x_i 的模糊分割数为 m_i, 每一个神经元表示一个分割区间, 采用一个隶属度函数, 其隶属度表示为 μ_i^k, $k = 1, 2, \cdots, m_i$, 该层神经元数为 $\sum\limits_{i=1}^{n} m_i$.

　　第三层为规则推理层, 按照模糊推理规则, 求与输入条件对应的结论, 对不同的输入可采用取最小或乘积法等算子

$$\mu_j = \min(\mu_1^{k_1}, \mu_2^{k_2}, \cdots, \mu_n^{k_n})$$

或

$$\mu_j = \mu_1^{k_1} \times \mu_2^{k_2} \times \cdots \times \mu_n^{k_n}$$

式中, $j = 1, 2, \cdots, m, m$ 为该层神经元个数, $k_1 = 1, 2, \cdots, m_1, k_2 = 1, 2, \cdots, m_2,$ $k_n = 1, 2, \cdots, m_n, m \leqslant \prod\limits_{i=1}^{n} k_i$.

　　第四层为规则合成层, 按照模糊推理方法, 对不同规则进行合成, 可采用 "∨" 和重心法, 或 "∨" 和中心平均法进行合成

$$u_j = \frac{p_j \int \mu_j du}{\sum\limits_{j} \int \mu_j du}$$

或

$$u_j = \frac{\mu_j \cdot p_j}{\sum_j \mu_j}$$

式中, p_j 为结论部分第 j 个隶属度函数的中心值, 该层神经元节点数与第四层相同.

第五层为输出层, 对结论变量完成逆模糊化, 输出 y_o, $o = 1, 2, \cdots, r$.

神经网络的结构形式多种多样, 根据神经元之间连接、层间连接及权重迭代计算方式的不同, 可分为 BP 神经网络、前向神经网络、Hopfield 神经网络等, 在具体应用中, 可综合考虑问题任务和网络特性选择使用.

9.2.3 模糊-神经网络系统

BP 神经网络在控制领域应用广泛, 取得了较好的控制效果. 对于图 9.3 模糊-神经网络结构, 可选择 BP 神经网络调节, 采用其更新层间连接权重的计算方式调节参数. 考虑误差函数

$$E = \frac{1}{2} \sum_{i=1}^{r} (y_{di} - y_i)^2 \tag{9.2.5}$$

式中, y_{di} 为期望输出, y_i 为实际输出, 从第五层开始逐层反向迭代计算, 该层误差为

$$\delta_i^{(5)} = -\frac{\partial E}{\partial f_i^{(5)}} = -\frac{\partial E}{\partial y_i} = y_{di} - y_i \tag{9.2.6}$$

权重更新计算按

$$w_{ij}(k+1) = w_{ij}(k) - \beta \frac{\partial E}{\partial w_{ij}} \tag{9.2.7}$$

其中, β 为学习率, $i = 1, 2, \cdots, r$, $j = 1, 2, \cdots, m$, 权重的一阶梯度为

$$\frac{\partial E}{\partial w_{ij}} = \frac{\partial E}{\partial f_i^{(5)}} \frac{\partial f_i^{(5)}}{\partial w_{ij}} = -\delta_i^{(5)} x_j^{(4)} = -(y_{di} - y_i) x_j^{(4)} \tag{9.2.8}$$

其余各层反传误差及权重调节可按此依次计算, 分别为

$$\delta_j^{(4)} = -\frac{\partial E}{\partial f_j^{(4)}} = -\sum_{i=1}^{r} \frac{\partial E}{\partial f_i^{(5)}} \frac{\partial f_i^{(5)}}{\partial f_j^{(4)}} = \sum_{i=1}^{r} \delta_i^{(5)} w_{ij} \tag{9.2.9}$$

$$\delta_j^{(3)} = -\frac{\partial E}{\partial f_j^{(3)}} = -\sum_{i=1}^{r} \frac{\partial E}{\partial f_i^{(4)}} \frac{\partial f_i^{(4)}}{\partial f_j^{(3)}} = \frac{1}{\left(\sum_{k=1}^{m} \mu_k\right)^2} \left(\delta_j^{(4)} \sum_{\substack{i=1 \\ i \neq j}}^{m} f_i^{(3)} - \sum_{\substack{k=1 \\ k \neq j}}^{m} \delta_k^{(4)} f_k^{(4)} \right)$$

$$(9.2.10)$$

$$\delta_{ij}^{(2)} = -\frac{\partial E}{\partial f_{ij}^{(2)}} = -\sum_{i=1}^{r} \frac{\partial E}{\partial f_i^{(3)}} \frac{\partial f_i^{(3)}}{\partial f_{ij}^{(2)}} = \sum_{k=1}^{m} \delta_k^{(3)} S_{ij} \mu_i^k \qquad (9.2.11)$$

当 $f^{(3)}$ 取最小运算时, μ_i^j 为第 k 条规则的节点的最小值

$$S_{ij} = \frac{\partial f_k^{(3)}}{\partial \mu_i^j} = 1$$

或 $f^{(3)}$ 取相乘运算时, μ_i^j 为第 k 条规则的节点的一个输入

$$S_{ij} = \prod_{\substack{j=1 \\ j \neq i}}^{m} \mu_i^j$$

式中, $i = 1, 2, \cdots, n$, 否则, $S_{ij} = 0$.

对于模糊-神经网络结构设计, 可根据任务目的在各环节选择相应的模糊隶属度、模糊推理方法、神经元激活函数及网络结构等, 构成功能强大的模糊-神经网络控制系统, 例如, 若在模糊结论部分选用 T-S 函数型模糊模型, 网络权重将按照其他运算方法迭代更新, 限于篇幅, 此处不再赘述.

神经网络在系统辨识方面, 许多方法与模糊自适应控制相似, 因而可与模糊系统组合, 采用直接或间接自适应控制方式, 通过训练网络, 获得系统辨识和参数估计, 例如, 可利用模糊-神经组合方式, 由最小二乘法、梯度下降法 (可参阅 7.2 节和 7.3 节) 辨识系统, 获得更加优良的性能. 神经网络的特性是不确定的, 其初始连接权重及偏置值常常需依赖经验, 因而可以借助模糊系统充分采纳经验知识的优势, 适当应用已知的对象系统的先验知识, 来设计神经网络的结构、函数和参数, 以求尽可能实现更多智能.

人工神经网络结构样式繁多, 可与模糊逻辑理论与方法组合设计, 形成更多种类的结构, 实现更丰富功能的人工智能算法 (Spooner and Passino, 1996), 对于图 9.3 所示的模糊-神经网络结构, 除可采用标准型模糊模型之外, 还可采用 T-S 函数型模糊模型, 在输出层结构上, 以线性函数的方式获得输出量.

2006 年以来, 深度神经网络在智能信息处理领域所展现的强大功能和灵活性, 将神经网络与深度学习研究与应用推动到高涨发展时期. 深度学习通过组合较简

单的概念构建复杂概念, 由于在描述概念彼此如何关联的图的深度上远远大于模型深度, 因为有别于以往的神经网络模型. 2012 年, 得益于更强大的计算机、更大的数据集和能够训练更深网络的技术, 在产业界的助推下, 深度学习的普及型和适用性都有了极大发展.

神经科学被视为神经网络研究的一个重要灵感来源, 当前, 神经科学在深度学习研究中的作用被削弱, 主要原因是没有足够的关于大脑的知识可作为参考, 去指导和解释深度神经网络.

以深度学习为基础的模糊逻辑混合人工智能辅助诊断, 将拥有深度学习处理强大能力的影像识别, 与具有丰富个人知识经验的诊断与分级任务联系起来, 既充分应用了机器学习在医学影像分析上的最新技术, 又将知识经验和可解释性以模糊系统理论与方法的形式加以表达, 对于病情 "早诊断、早治疗" 具有重要的意义.

以乳腺钼靶影像学分析的人工智能辅助诊断与分级为例, 图 9.4 为分级诊疗模型, 该模型由三部分组成, 分别为 ResU-segNet 图像分割、包括纹理特征及形态学特征的特征提取和病程分级, 如图 9.4(a) 所示, 其中, 图像分割、特征提取由深

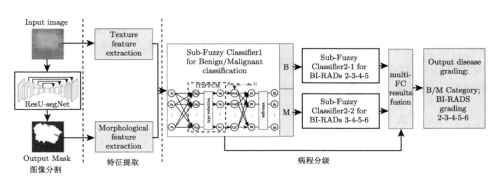

(a) 深度学习与模糊逻辑融合的辅助诊疗模型

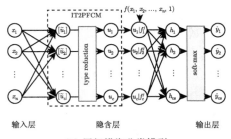

(b) 层级模糊分类模型

图 9.4　乳腺钼靶影像学分析的人工智能辅助诊断与分级 (Shen et al., 2020)

度学习相关技术完成, 在病程分级部分, 采用模糊逻辑方法对良 (Benign, B)、恶 (Malignant, M) 及其 BI-RADs 2-3-4-5-6 进行判别及分级.

在模糊逻辑分级功能中, 将模糊均值聚类与 II 型模糊模型相结合, 通过设计 IT2PFCM (Interval Type-2 Possibilistic Fuzzy C-Means) 模型进行分类和分级分析, 详细框图如图 9.4(b).

图中, IT2PFCM 模型作为模糊-神经网络 (Fuzzy-Neural Networks, FNN) 结构的隐含层, 完成了分类与分级任务, 算法过程如

$$f_{ij}(x_k) = \sum_{p=1}^{n} w_{ip}^j x_{kp} + b_i^j$$

$$h_j = \sum_{i=1}^{c} u_{ik} f_{ij}(x_k)$$

$$\hat{y}_j = \text{softmax}\{h_1, h_2, \cdots, h_{cs}\}$$

式中, $i = 1, 2, \cdots, c$, $j = 1, 2, \cdots, cs$, c 为聚类数, cs 为类别数, p 为输入向量的维数, $p = 1, 2, \cdots, n$, k 为样本数, $k = 1, 2, \cdots, N$. w_{ip}^j 为层间神经元连接权重, b_i^j 为神经元函数的偏置量, h_j 为类别输出. 隐含层上每一个神经元的输出 $f_{ij}(x_k)$ 表达了对应 x_k 特征的一条规则, 在将规则按模糊隶属度 u_{ik} 加权后, 由 softmax 函数层得出最终的分类结果. 隶属度求取由 IT2PFCM 方法计算, 如图 9.4(b) 虚线框所示, 根据模糊均值聚类, 其目标函数为

$$J_{\text{FCM}} = \sum_{i=1}^{c} \sum_{k}^{N} u_{ik}^m d_{ik}$$

式中, $m > 1$, 为模糊因子, 是一超参数, d_k 为第 k 个输入与第 i 个聚类中心的距离.

最终分类结果由 $\{\hat{y}_j\}$ 确定

$$x_k \in \text{第 } i \text{ 个分类}, \text{If } \hat{y}_i(x_k) > \hat{y}_j(x_k), \text{ for all } i \neq j$$

卷积神经网络对于处理大量复杂医学影像具有速度快、效率高等特点, 在此基础上, 引入模糊逻辑规则, 能够提高病程分类与分级的鲁棒性, 在本节例中, 更将无监督 IT2PFCM 嵌入 FNN 中, 减少了对确定性数据及注释的依赖性, 并提高了可解释性及其泛化能力.

9.3 遗 传 算 法

遗传算法 (Genetic Algorithm, GA) 是计算智能的主要方法之一, 以模拟生物进化过程中基因的选择、交叉和变异等进程为特点, 对非线性系统中的路径规划、动态搜索等问题具有重要的意义.

9.3.1 模糊遗传算法

基因是生物体的遗传物质, 基因由染色体表达, 不同的染色体序列可以表示不同的物种和个体, 如图 9.5 所示. 这里, 基因表示为一个包含位置的数值序列, 选择不同的数值代表了不同的等位基因, 在计算机技术中, 则可通过编码的方式表示.

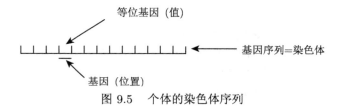

图 9.5 个体的染色体序列

可采用二进制数值表示等位基因, 基因位置上的数值 0 或 1 代表了染色体的具体数值, 例如

$$0111010101101$$

为一个 13 位的染色体序列. 若将该序列表示为 θ, 则基因算法旨在寻求使函数 $J(\theta)$ 最小的个体序列 θ. 函数 $J(\theta)$ 称为适应度函数, 表示个体为了生存和繁殖对环境的适应程度, 也就是说, 已知基因型的个体将其基因传递到其后代的基因型中的能力.

遗传算法通过采用**选择**操作来实现对群体中的个体进行优胜劣汰, 其任务是从父代群体中选取一些个体, 将其基因遗传到子代群体, 个体被选中的概率将与其适应度函数值成正比. 设群体大小为 s, 个体 j 的适应度为 $J(\theta^j(k))$, $j = 1, 2, \cdots, s$, 则个体 i 被选择并遗传到下一代的概率为

$$p_i = \frac{J(\theta^i(k))}{\sum_{j=1}^{s} J(\theta^j(k))} \tag{9.3.1}$$

交叉 运算是指两个相互配对的染色体, 依据交叉概率 p_c 按某种方式相互交换其部分基因, 从而形成两个新的个体的算法方式. 交叉运算是遗传算法区别于其他进化算法 (例如, 蚁群算法) 的重要特征, 它在遗传算法中起关键作用, 是产生新个体的主要方法. 基本遗传算法 (Simple Genetic Algorithm, SGA) 中交叉算子采用单点交叉算子, 如图 9.6 所示.

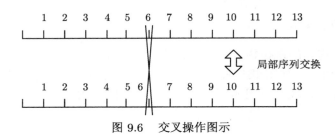

图 9.6　交叉操作图示

变异 算子模拟了生物进化中的变异过程. 通过基因选择与交叉后产生的个体, 其基因与父母代并不完全相同, 在进化过程中基因发生了变异. 变异是产生新个体的途径, 从而保证了种群的多样性. 变异是染色体上发生的随机变化, 变异运算依据变异概率 p_m 将个体编码中的某些基因值用其他值替换. 若以二进制表示染色体序列, 可将序列

$$1001101$$

变异为

$$1011101$$

其中, 第三个位置变异为 1.

交叉概率 p_c 和变异概率 p_m 的选取, 有两种方式:

(i) 采用定值, 交叉概率 p_c 在 0.9—0.97 之间任取, 变异概率 p_m 在 0.001—0.1 之间任取;

(ii) 自适应取值, 按交叉或变异个体的适应度值以及该代的平均适应度值计算

$$p_c = \begin{cases} p_{c1} - \dfrac{(p_{c1} - p_{c2})(J_c - J_{\text{avg}})}{J_{\max} - J_{\text{avg}}}, & J_c > J_{\text{avg}} \\ p_{c1}, & J_c \leqslant J_{\text{avg}} \end{cases} \tag{9.3.2}$$

$$p_m = \begin{cases} p_{m1} - \dfrac{(p_{m1} - p_{m2})(J_m - J_{\text{avg}})}{J_{\max} - J_{\text{avg}}}, & J_m > J_{\text{avg}} \\ p_{m1}, & J_m \leqslant J_{\text{avg}} \end{cases} \tag{9.3.3}$$

式中, $J_{\max}$ 为该代中个体的最优适应度, J_{avg} 为其平均适应度, J_c 为待交叉两个体中具有的较大适应度, J_m 为待变异个体的适应度.

自然界的进化遗传是连绵继承的, 但是, 遗传算法中的各种操作需在满足设定要求的条件下, 终止迭代过程, 迭代结束的条件可设定为:

(i) 求得最优个体 $\theta^*(k)$. 也就是说, 获得使适应度达到最大值的个体, 由于最末一代并不必然是性能最优的一代, 因而, 求得最优的进化代际数目 k 时, 可结束迭代计算.

(ii) 满足适应度 $J(\theta^*(k))$. 可根据任务问题具体设定, 因为在某些函数优化应用中, 适应度并非关键指标.

(iii) 满足搜索条件. 通过设定一定的编码, 当在一定范围内满足搜索条件时, 可结束遗传算法选择、交叉和变异等各操作过程.

本节简要给出了遗传算法的基本原理和过程, 根据生物进化规律与现象, 能够设计其他大量的算法过程, 例如, 在代际之间遗传操作中, 可选择第 $k+1$ 代的编码与第 k 代完全相同, 也就是全部复制, 等等, 可通过查阅相关资料了解更多遗传算法方面的内容.

9.3.2 遗传算法融合模糊系统理论设计

在目标优化与方案搜索等任务中, 遗传算法各主要操作——选择、交叉和变异——的概率参数, 对系统性能具有重要的影响. 固定的参数, 可能导致过早地收敛, 或收敛于一个局部区间, 在实践中, 常需根据方案 (个体) 差异度、整体适应度等综合考察进行选择. 因此, 融合模糊系统理论, 将输入输出数据信息、先验知识等内容, 用于遗传算法过程中各类操作参数值的选择, 可获得更合理的性能指标.

以交叉概率 p_c 为例, 过小的交叉概率会带来更多相似的个体, 而保持进化群体的多样性是遗传算法获得最优解的重要条件. 在群体规模一定的情况下, 多样性越大, 越可能产生性能更佳的子代, 因而需要较大的交叉率. 如何根据个体差异性和适应度选择合适的交叉概率, 既能够保证多样性, 又可使算法具有适当的收敛速度, 可融合模糊逻辑进行设计.

若以 D_i, F_J 表示个体差异度及其适应度, 并作为模糊逻辑的输入, 交叉概率 p_c 作为模糊逻辑的推理输出, 由遗传算法的一般规律, 在将该 2 输入 1 输出变量均划分为 "小 (S)""中 (M)""大 (L)" 时, 可由模糊推理求得 p_c, 如表 9.1 所示.

表 9.1 交叉概率模糊推理

p_c		D_i		
		S	M	L
F_J	S	L	M	S
	M	M	M	M
	L	L	M	S

当个体差异度 D_i 为 "大" 且适应度 F_J 为 "大" 时, 表明个体之间的差别比较大, 群体的适应性比较强, 因此需要选择 "小" 的交叉概率 p_c.

当个体差异度 D_i 为 "小" 且适应度 F_J 为 "小" 时, 表明个体之间的差别比较小, 群体趋于集中, 多样性较弱, 因此需要选择 "大" 的交叉概率 p_c.

当个体差异度 D_i 为 "小" 且适应度 F_J 为 "大" 时, 表明个体之间的差别较小, 但个体的适应性差别较大, 此时应该选择 "大" 交叉概率 p_c, 增加群体的多样性.

当个体差异度 D_i 为 "大" 且适应度 F_J 为 "小" 时, 表明个体之间的差别比较大, 但其适应性的差别比较小, 无法产生更有竞争力的个体. 为了生成更有竞争力的个体, 交叉概率需取 "小", 同时, 可采用选择 "大" 的变异概率 p_m, 来保证群体的分散度和稳定性.

变异概率 p_m 的选择和确定, 亦可参考表 9.1 设计, 此处不再给出. 此外, 还在群体适应度性能函数设计中, 充分考虑各类遗传操作在代际之间的动态变化, 应用模糊逻辑推理, 合理调整上升时间、超调量和迭代代数等参量等, 以及其他更多方式, 获得性能更优的搜索和规划结果.

9.4　自 主 智 能

人类对于创造、使用和发展工具以替代自身智慧与体力的追求生生不息. 从在世界各地发掘出的最早工具——各种石器, 到目前正在代替人类考察火星的各种最新探测器, 展示了人们对发明和应用工具的探索之路, 尽管这是以科学技术进步的方式呈现的, 但是, 已经非常深刻地刻画出人类对于超越自身智慧与体力的希冀, 正因如此, 自主智能 (Autonomous Intelligence) 成为当前人工智能科技的发展目标.

9.4.1　智能与自主

在现代科学技术的发展历程中, Autonomy(自主) 常常被赋予具有时代特征的意义. 自动机 (Automaton) 起初是模仿人和动物的行为的机器, 二十世纪五十年代汽车行业提出了自动化 (Automation), 此时汽车也被称为 Automobile, 可以看出, 自动控制与自动化技术的发展相辅相成. 自主智能则是人工智能 (Artificial Intelligence) 的高级发展阶段, 自主智能系统无须人工干预或只需极少的人工参与. 人工智能系统的自主程度越高, 智能水平就越高 (程学旗等, 2020).

当前的人工智能以计算机技术和计算能力为支撑, 本质上是由计算带来的, 因而称之为计算智能 (Computing Intelligence). 计算智能是以计算为中心, 以模仿和学习生物智能的算法理论为基础, 充分利用了现代计算机技术, 而提出的解决实际问题的模型和方法. 以神经网络为例, 人类借鉴了大脑思维和神经元连接方式的启发, 逐步发展出神经网络模型和以此为基础的深度学习模型, 虽然模拟的只是复杂脑功能的一种可能实现方式, 但是已经促进了以深度学习为代表的人工智能科学的巨大进步.

2012 年以来, 以深度神经网络为代表的深度学习的快速进步, 将人工智能科学推动到了新的发展阶段, 同时, 以特征提取、模型选择、参数调节等为标志的人工干预, 也使深度神经网络具有了鲜明的人工属性特点. 值得注意的是, 关于深度学习的各种模型、方式和功能, 其本质还是由设计者提出的, 对其最终的效果仍是可以预估的. 深度学习在强化学习 (Reinforcement Learning, RL) 领域的扩展, 目的是实现自主智能体在没有人类操作者指导的情况下, 通过试错来达到学习执行任务的设想 (钟钊, 2019).

2014 年, 随着自动机器学习 (Auto Machine Learning, AutoML) 的提出, AutoML 试图使与特征、模型、优化和评价有关的步骤自动地学习, 达到机器学习模型无须人工干预即可被应用的程度. 在一定程度上, 这种自动机器学习方式可以被视为自主智能的一种实现可能.

进化是生物主动适应环境的基本方式, 从这个意义上来讲, 人脑经历数百万年的进化达到现有的智慧, 是由自然进化过程自主地、主动地参与而形成的. 自主智能的目标就在于使得机器能够主动地、创造性地产生出未曾被设计的智能, 也就是说, 在现有智能的基础上打破人工参与的设计和预估, 创造出 "未可知" 的智能, 就是自主智能. 试想一下, 在移动机器人警察抓小偷的情境中, 若小偷本体因控制失灵本体滑移出边界, 按照既定规则, 边界之外属于未学习场景, 尽管靠近警察本体却已无法处理, 假若警察本体拥有自主智能, 那么完全可以轻松实现任务, 这就是自助智能的一种实现方式. 因此, 自主是人工智能在高级发展阶段的特征, 是人工智能的远景目标.

自主智能系统在无人机、无人驾驶系统、深空与深海机器人系统等领域的应用需求, 是促进其产生并发展的动因, 而大量成功的应用又必然也将推动自主智能的进一步发展, 因而自主智能与智能科学的发展也必将是相辅相成的.

9.4.2 自主智能未来

目前, 自主智能技术普遍聚焦于在深度学习的基础上, 探索未经习得过程而具有的智能. 这是神经网络在历经产生、波动起伏发展、借由卷积神经网络而带来的巨大跨越的进程中, 被逐步赋予的使命. 科学技术的发展和人们对未来世界的探索, 常常并不依据事先设定的路径, 自主智能或许也是如此, 可能在深度学习中发展壮大, 也可能在其他智能方法中达到新突破.

2015 年以来, 类脑智能受到关注, 正在成为人工智能与计算科学领域的研究热点. 受脑工作机制启发, 类脑智能是以计算建模为工具, 借鉴脑神经机制和认知行为机制, 通过软硬件协同实现的一种机器智能. 类脑智能系统在信息处理机制上类脑, 认知、行为机制与智慧水平上类人, 目标是使机器实现各种人类具有的多种认知能力及其协同机制, 最终达到或超越人类智能水平 (曾毅, 2016).

　　人类社会系统、自然生态系统、人体免疫系统, 其大量相互作用、相互依赖的单元, 是如何在没有中央控制的情况下, 通过简单的运作规则实现自组织、自适应、学习和进化的, 目前, 人类对此尚未给出解答, 那么, 自主智能是否能够善用这些系统特性, 利用此类组织方式, 自主地创造出类似于人类智慧的自主智能, 人们正在拭目以待.

9.5　本 章 小 结

　　本章以模糊系统进展为线索, 讨论了模糊系统稳定性, 以及模糊系统与其他人工智能系统的综合应用, 并展望了自主智能未来. 总体来看, 若从控制科学发展的角度观之, 现今智能控制方法已越来越不拘泥于应用传统控制系统的性能分析理论来评价其特性, 而且一旦突破了这种既适应现代计算机控制的现实, 又必须满足传统控制分析性能的诸多限制, 必将产生更多专用或通用的高级智能方法. 若从模式分类发展的角度看, 未来自主智能也必将突破人工干预和设计, 达到或甚至超越人类智能. 如果将二者结合起来, 自主机器智能将有可能真正实现.

思　考　题

9.1 回顾 Mamdani 标准型模型和 T-S 函数型模糊模型, 与本章所介绍的分段多仿射模糊系统对比, 请谈谈它们之间的联系和区别.

9.2 模糊神经网络的结构是怎样的, 各层均进行了什么运算?

9.3 遗传算法的三个基本算子分别是什么, 如何将模糊理论运用于其中?

9.4 结合当前人工智能的进展, 谈谈你对自主智能的理解.

参 考 文 献

程学旗, 梅宏, 赵伟, 等. 2020. 数据科学与计算智能: 内涵、范式与机遇. 中国科学院院刊, 35(12): 1470-1481.

孙增圻. 2000. 模糊神经网络及其在系统建模与控制中的应用. 南京化工大学学报 (自然科学版), 22(4): 7-12.

钟钊. 2019. 深度神经网络结构: 从人工设计到自动学习. 中国科学院大学博士学位论文.

绪方胜彦. 现代控制工程. 卢伯英, 佟明安, 罗维铭, 译. 1976. 北京: 科学出版社.

曾毅, 刘成林, 谭铁牛. 2016. 类脑智能研究的回顾与展望. 计算机学报, 39(1): 212-222.

Alcalá-Fdez J, Alonso J M. 2016. A Survey of fuzzy systems software: taxonomy, current research trends, and prospects. IEEE Trans. Fuzzy Systems, 24(1): 40-56.

Feng G. 2006. A survey on analysis and design of model-based fuzzy control systems. IEEE Trans. Fuzzy Syst., 14(5): 676-697.

Gupta M M, Jin L, Homma N. 2003. Fuzzy sets and fuzzy neural networks // Static and Dynamic Neural Networks: From Fundamentals to Advanced Theory. New York: John Wiley 82 Sons.

Johansson M, Rantzer A, Arzen K E. 1999. Piecewise quadratic stability of fuzzy systems. IEEE Trans.Fuzzy Systems, 7(6): 713-722.

Kevenaar T A M, Leenaerts D M W. 1992. A comparison of piecewise-linear model descriptions. IEEE Trans. Circuits and Systems I: Fundamental Theory and Applications, 39(12): 996-1004.

Nguyen A T, Sugeno M, Campos V, et al. 2017. LMI-based stability analysis for piecewise multi-affine systems. IEEE Trans. Fuzzy Syst., 25(3): 707-714.

Nguyen A, Taniguchi T, Eciolaza L, et al. 2019. Fuzzy control systems: past, present and future. IEEE Computational Intelligence Magazine, 14(1): 56-68.

Pedrycz W. 1993. Fuzzy neural networks and neurocomputations. Fuzzy Sets and Systems, 56(1): 1-28.

Shen T Y, Wang J G, Gou C, et al. Hierarchical fused model with deep learning and type-2 fuzzy learning for breast cancer diagnosis. IEEE Trans. Fuzzy Syst., 28(12): 3204-3218.

Spooner J T, Passino K M. 1996. Stable adaptive control using fuzzy systems and neural networks. IEEE Trans. Fuzzy Systems, 4(3): 339-359.

Sugeno M. 1999. On stability of fuzzy systems expressed by fuzzy rules with singleton consequents. IEEE Trans. Fuzzy Syst., 7(2): 201-224.

Sugeno M, Taniguchi T. 2004. On improvement of stability conditions for continuous Mamdani-like fuzzy systems. IEEE Trans. Syst. Man, Cybern. B, Cybern., 34(1): 120-131.

Tanaka K, Wang H. 2001. Fuzzy Control Systems Design and Analysis: A Linear Matrix Inequality Approach. New York: John Wiley & Sons.